Alfred Wittig

Einführung in die Vektorrechnung

Mit 77 Bildern

2., berichtigte Auflage

Best.-Nr. 0811

Springer Fachmedien Wiesbaden GmbH

Hinweise für den Leser

1. Halte Bleistift und Zeichenpapier bereit, wenn Du in diesem Büchlein arbeitest. Zeichne, so oft es der Text nahelegt, eine eigene Figur.

2. Präge Dir neue Zeichen gut ein und lerne gleich zu Anfang den sicheren Gebrauch der Vektorsymbole in Druck und Schrift. Du findest diese Dinge in der "Zeichenübersicht".

3. Bist Du "Anfänger" in der Vektorrechnung, dann arbeite Dich erst in die Kapitel 1 - 3 ein. Wenn Du diese drei Abschnitte gründlich beherrscht, dann kannst Du bereits einen großen Teil der in Band II (Vektoren in der Analytischen Geometrie) behandelten Fragen beantworten.

4. Überschlage bei einem ersten Überblick ruhig die als Anhang bzw. Ergänzung gedachten Textstellen.

5. Versuche die Aufgaben zu lösen, die jedem Kapitel beigegeben sind. Sie sollen Deine Kenntnis der Rechenregeln vertiefen.

6. Die "Beispiele zum praktischen Rechnen" sind anspruchsvoll. Beschäftige Dich erst dann mit ihnen, wenn Du einige Sicherheit im Umgang mit Vektoren gewonnen hast.

7. Das "Denken in Vektoren" erfordert ständiges eigenes Bemühen. Eine reiche Auswahl an einfachem und schwierigem Aufgabenmaterial findest Du in der entsprechend gegliederten "Aufgabensammlung zur Vektorrechnung" desselben Verfassers (Verlag Vieweg & Sohn, Best. Nr. 0805). Den größten Gewinn bei der Beschäftigung mit der Vektorrechnung wirst Du dann haben, wenn Du beide Bücher Kapitel für Kapitel nebeneinander durcharbeitest.

8. Hast Du beim gründlichen Studium der Kapitel 1 - 3 Freude an der Vektorrechnung gewonnen, dann beschäftige Dich intensiv mit den Kapiteln 4 - 9. In diesen Abschnitten spiegelt sich die eigenartige, zusammenfassende Kraft und die bestechende Eleganz der Vektorrechnung am schönsten. Die Kenntnis dieses Teils schafft den Zugang zu den oft überraschend einfachen Darstellungen verwickelter geometrischer Zusammenhänge im Band II dieses Werks.

Vorwort

Das Rechnen mit Vektoren ist ein Rechnen mit geometrischen Größen.
Die moderne Schul- und Hochschulmathematik und die Physik sind ohne die
Vektormethode nicht mehr denkbar. Die eigenartige algebraische Struktur,
die der Vektorrechnung zugrundeliegt, die enge Verbindung anschaulich-
geometrischer und rechnerisch-algebraischer Gedankengänge und die Ein-
kleidung in eine kurze, übersichtliche Symbolik verleihen diesem Rechen-
verfahren neben großem praktischem Wert auch einen hohen ästhetischen
Reiz.

Der vorliegende Band gibt eine Einführung in die Vektoralgebra. Er ist für
den Unterricht an der Oberstufe der Gymnasien, sowie als Anleitung zum
Selbststudium für Studierende an der Hochschule vorgesehen, die dem
Rechnen mit Vektoren zum ersten Mal gegenüberstehen. Die Vektoren und
ihre Verknüpfungen werden am Beispiel bestimmter geometrischer Vor-
gänge (Schiebung, Zusammensetzung von Schiebungen, senkrechte Projektion, Plangrößen) anschaulich eingeführt und ohne Bindung an ein Koordinatensystem bis zu den Formeln und Sätzen der Kugelgeometrie entwickelt.
Die Darstellung ist ausführlich angelegt und mit zahlreichen Abbildungen
versehen. Jeder Abschnitt schließt ab mit kleinen Aufgaben, die sich auf
die vorher behandelten Rechenregeln beziehen, und mit sorgfältig ausgewählten und vollständig durchgerechneten, anspruchsvollen praktischen
Beispielen, die einen ersten Überblick über den Anwendungsbereich der
Vektorrechnung geben sollen.

Die Beziehungen zwischen den Vektoren im rechtwinkligen Koordinatensystem werden in einem gesonderten Band ("Vektoren in der Analytischen
Geometrie", Verlag Vieweg & Sohn, Best.-Nr. 0812) behandelt. Dieser
Band II ist auf den vorliegenden bezogen und so abgefaßt, daß die rechtwinkligen Koordinaten ohne weiteres bei der Behandlung der Summe, des
skalaren Produkts und des Vektorprodukts in Band I eingebaut werden
können.

Den ersten Anstoß zur Entwicklung der Vektorrechnung hat die Physik gegeben. Im "Anhang" ist deshalb eine kurze Einführung in die Vektorrechnung auf physikalischer Grundlage beigefügt. Eine Übersicht über die Grund-
rechenarten mit Vektoren und eine ausführliche Zeichenerklärung, die
auch den Band II umfaßt, schließen das Werk ab.

Der Verfasser erhofft eine freundliche Aufnahme dieses Büchleins. An den
kritischen Leser sei die Bitte gerichtet, etwaige Vorschläge für Verbesse-
rungen dem Verfasser nicht vorzuenthalten.

Stuttgart, im Januar 1968   Alfred Wittig

Inhaltsverzeichnis

Nachschlageteil: Rechenregeln und Zeichenübersicht

ISBN 978-3-528-10811-3   ISBN 978-3-322-84383-8 (eBook)
DOI 10.1007/978-3-322-84383-8

1971

1. Vektoren und Skalare

1.1. Der Vektorbegriff

Ein Punkt A im Raum soll geradlinig nach einem andern Punkt A' hin ver-
schoben werden. Gibt man nur die Länge s der Verschiebungsstrecke an,
so läßt sich der Ort des Punktes A' nicht eindeutig bestimmen, da alle
Punkte A" auf der Kugel um A vom Halbmesser s den Abstand $\overline{AA''}$ = s
haben. Ist die Gerade (g) bekannt, auf der sich A bewegt, so gibt es immer noch zwei Möglichkeiten, die Verschiebung auszuführen. A' ist erst
dann eindeutig bestimmt, wenn auf der Verschiebungsgeraden (g) ein
Richtungssinn festgelegt wird. Die Verschiebung eines Punkts kann dem-
nach angegeben werden durch die folgenden Bestimmungsstücke:

1. B e t r a g (Länge) der Verschiebungsstrecke,
2. R i c h t u n g der Verschiebungsgeraden,
3. R i c h t u n g s s i n n (Orientierung) auf der Verschiebungsgeraden.

> A n m e r k u n g : In dem Wort "Richtung" ist hier, im Gegensatz
> zum Sprachgebrauch des täglichen Lebens, der Richtungssinn nicht
> eingeschlossen.

Wird ein Körper im Raum parallelverschoben, so beschreiben seine Punkte gleich lange, parallele Bahnen mit gleichem Richtungssinn (Bild 1).
Die ganze Bewegung ist bereits festgelegt, wenn die Verschiebung e i n e s

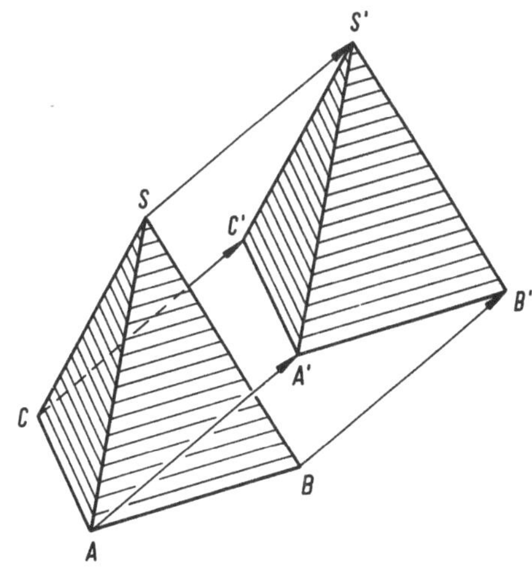

Bild 1

Punkts P zum Punkt P' hin bekannt ist. Anschaulich wird diese Verschiebung dargestellt durch die gerichtete Strecke $\overrightarrow{PP'}$. $\overrightarrow{PP'}$ heißt ein "Repräsentant" der Verschiebung. Ein beliebiger Repräsentant $\overrightarrow{PP'}$ bestimmt die Verschiebung eines Körpers, eines Raumteiles oder des gesamten Raumes bereits eindeutig. $\overrightarrow{PP'}$ ist seinerseits festgelegt durch Angabe von Betrag, Richtung und Richtungssinn. Wir führen für diese Sachverhalte neue Bezeichnungen ein:

Definition 1.1.1

Ein Vektor ist eine durch ein geordnetes Punktepaar definierte, orientierte Strecke.

Definition 1.1.2

Ein freier Vektor ist die Gesamtheit aller gleich langen, parallelen und gleich orientierten Strecken im Raum.

Vektoren (freie Vektoren) sind durch folgende drei Bestimmungsstücke festgelegt:

1. Betrag (Länge),
2. Richtung,
3. Richtungssinn.

Die zeichnerische Darstellung des Vektors $\overrightarrow{AB}$ erfolgt durch einen Pfeil im Raum mit dem Anfangspunkt A und dem Endpunkt B (Pfeilspitze), dessen Länge dem Betrag des Vektors gleich oder proportional ist. Sein Schaft gibt die Richtung, seine Spitze den Richtungssinn des Vektors wieder (Bild 2).

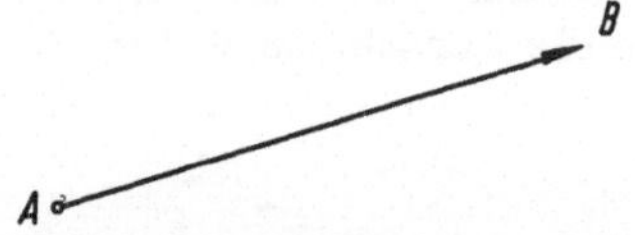

Bild 2

Da ein freier Vektor durch die Angabe irgendeines seiner Repräsentanten $\overrightarrow{PP'}$ vollständig bestimmt ist, genügt es, $\overrightarrow{PP'}$ allein zu betrachten. Alle übrigen Repräsentanten heißen äquivalent zu $\overrightarrow{PP'}$ und zueinander. Die Worte "Vektor" und "freier Vektor" werden im Sprachgebrauch meist als gleichbedeutend benützt. Es kann insbesondere jeder Repräsentant $\overrightarrow{AA'}$ durch einen äquivalenten Repräsentanten $\overrightarrow{BB'}$ desselben freien Vektors ersetzt werden. Bei der zeichnerischen Darstellung eines freien Vektors darf deshalb der Ansatzpunkt des Repräsentanten beliebig gewählt werden. Zur Festlegung der orientierten Strecke $\overrightarrow{AA'}$ kann auch das "geordnete Punktepaar" (A, A') mit A als Anfangspunkt und A' als Endpunkt benützt werden. Es ist nach den obigen Überlegungen sinnvoll, zwischen freien Vektoren den folgenden Gleichheitsbegriff einzuführen:

Definition 1.1.3

Zwei freie Vektoren sind gleich, wenn sie durch äquivalente Repräsentanten dargestellt werden (Bild 3).

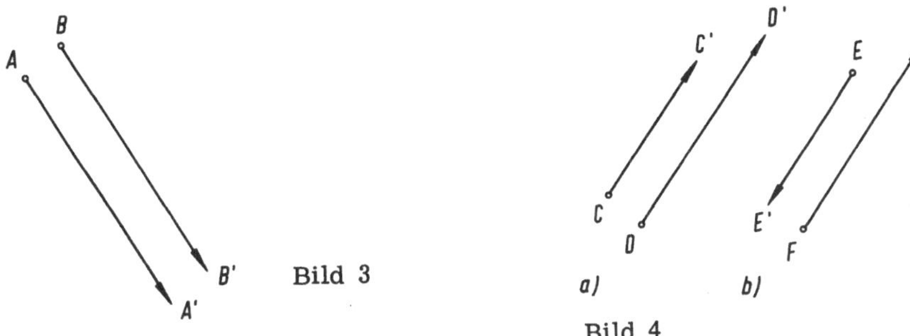

Bild 3

Bild 4

Ferner soll gelten: Zwei Vektoren sind parallel, wenn ihre Repräsentanten auf parallelen Geraden liegen. Sie heißen "gleichsinnig parallel" (Zeichen ↑↑) oder "ungleichsinnig parallel" (Zeichen ↑↓), je nachdem die Repräsentanten denselben oder entgegengesetzten Richtungssinn haben (Bild 4a und 4b).

Zwei Vektoren sind senkrecht zueinander, wenn zwei passend ausgewählte Repräsentanten aufeinander senkrecht stehen (Bild 5).
Ein Vektor liegt in der Ebene (E), wenn einer seiner Repräsentanten in dieser Ebene liegt.
Ein Vektor ist senkrecht zur Ebene (E), wenn einer seiner Repräsentanten senkrecht zu (E) ist.

Anmerkung: Auch in der Physik gibt es Größen, die erst durch Angabe eines Betrags, einer Richtung und eines Richtungssinnes eindeutig festgelegt sind, z.B. Geschwindigkeit und Kraft. Sie werden zeichnerisch ebenfalls durch orientierte Strecken (Pfeile) dargestellt und heißen Vektorgrößen. Zur Vektorgröße gehört eine Dimension (Geschwindigkeit z.B. in $m \cdot s^{-1}$, Kraft in kp), die stets dem Betrag der Vektorgröße zugeordnet wird.

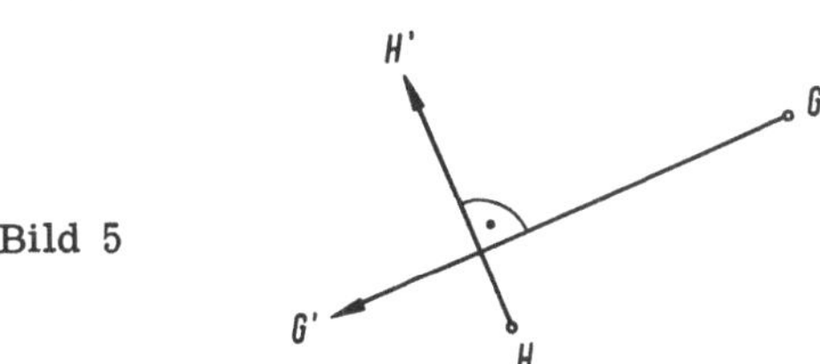

Bild 5

Bezeichnungen

Zum Unterschied von den in der Algebra benutzten reinen Zahlengrößen werden Vektoren mit halbfetten kursiven (schrägstehenden) Buchstaben $a, b, c \ldots$, $A, B, C, \ldots$ oder mit übergesetzten Pfeilen $\vec{a}, \vec{b}, \vec{c}, \ldots$, $\vec{A}, \vec{B}, \vec{C} \ldots$ bezeichnet (vgl. 10.3.2 und 10.3.5). Wird der Vektor $\vec{a}$

durch die orientierte Strecke $\overrightarrow{AB}$ dargestellt, so ist $\overrightarrow{AB} = \vec{a}$. Die Länge der Strecke $\overline{AB}$ heißt der **absolute Betrag** des Vektors und wird geschrieben als

$$|\overrightarrow{AB}| = |\vec{a}| \qquad \text{(lies: "Betrag von } \vec{a} \text{")}.$$

Der Betrag eines Vektors ist eine positive Zahl (Sonderfall des "Null-vektors" vgl. 2.1.).

> **Anmerkung:** Die Verbindungsstrecke zweier Punkte A und B wird erst zum Vektor, wenn eine Orientierung erklärt wird (entweder $\overrightarrow{AB}$ oder $\overrightarrow{BA}$). Das Dreieck ABC z.B. kann orientiert werden
> a) im Sinn eines Umlaufs (Bild 6a)
> b) von der "erzeugenden Ecke" A' aus (Bild 6b).
> Bei (a) kann das Dreieck im mathematisch positiven Sinn durch-laufen werden (Fläche zur Linken wie in Bild 6a) oder im mathema-tisch negativen Sinn (Fläche zur Rechten).
> Kurzbezeichnung: $\triangle$ ($\vec{a}$, $\vec{b}$, $\vec{c}$) oder $\triangle$ ($\vec{a}$, $\vec{c}$, $\vec{b}$).
> Bei (b) bleibt die Orientierung der Seite B'C' zunächst noch offen (vgl. Bild 6b). Kurzbezeichnung: $\triangle$ (A'; $\vec{b}$; $\vec{c}$) oder $\triangle$ (B'; $\vec{c}$; $\vec{a}$) oder $\triangle$ (C'; $\vec{a}$; $\vec{b}$).

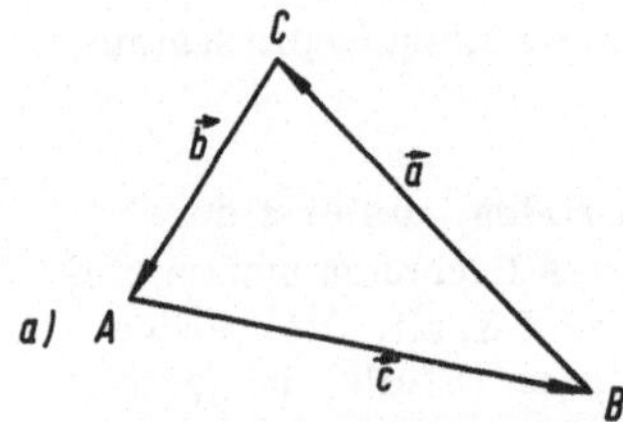

Bild 6

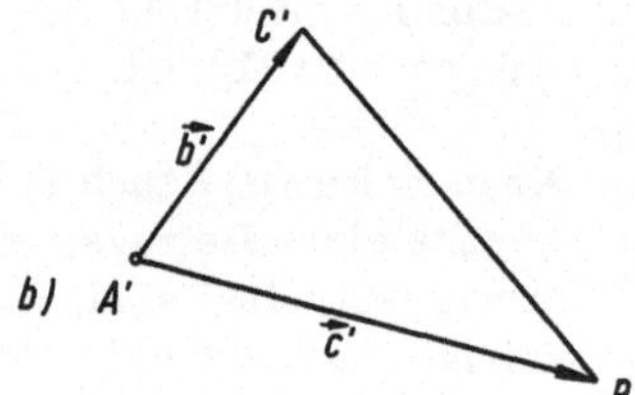

1.2. Gebundene Vektoren und Vektorfelder

Ist der Vektor $\vec{u}$ parallel zur $\left\{\begin{array}{l} \text{Ebene (E)} \\ \text{Geraden (g)} \end{array}\right\}$ und wendet man ihn auf alle Punkte der $\left\{\begin{array}{l} \text{Ebene (E)} \\ \text{Geraden (g)} \end{array}\right\}$ an, so entsteht eine Verschiebung der $\left\{\begin{array}{l} \text{Ebene} \\ \text{Geraden} \end{array}\right\}$ in sich. Man bezeichnet die Gesamtheit aller äquivalenten Vektoren $\vec{u}$ in $\left\{\begin{array}{l} \text{(E)} \\ \text{(g)} \end{array}\right\}$ als $\left\{\begin{array}{l} \text{ebenengebundenen Vektor} \\ \text{liniengebundenen Vektor} \end{array}\right\}$ mit dem "Träger" $\left\{\begin{array}{l} \text{(E)} \\ \text{(g)} \end{array}\right\}$. Wendet man den Vektor $\vec{u}$ auf einen einzelnen Punkt P an, so erhält man den **punktgebundenen Vektor** $\vec{u}$ mit dem Träger P.

Verwenden wir hier der einheitlichen Schreibweise zufolge für den Raum das Zeichen R_3, für Ebene (E), Gerade (g) und Punkt P die Zeichen R_2, R_1 und R_0, so gilt:

Der freie Vektor $\vec{v}$ als Menge M_3 der zum Repräsentanten $\overrightarrow{AB}$ äqui-
valenten orientierten Strecken im Raum (Zeichen: $M_3 = \{\vec{v}/\vec{v}$ äqu. $\overrightarrow{AB} \wedge \vec{v} \epsilon R_3\}$)
enthält als Teilmenge die Menge M_2 der zu jeder Ebene (R_2) durch A und B
ebenengebundenen Repräsentanten $\vec{v}$ (Zeichen: $M_2 = \{\vec{v}/\vec{v}$ äqu. $\overrightarrow{AB} \wedge \vec{v} \epsilon R_2\}$),
M_2 enthält die Menge M_1 der zur Geraden (R_1) durch A und B linien-
gebundenen Repräsentanten $\vec{v}$ (Zeichen: $M_1 = \{\vec{v}/\vec{v}$ äqu. $\overrightarrow{AB} \wedge \vec{v} \epsilon R_1\}$) und
M_1 enthält die aus einem einzigen Element bestehende Menge M_0 des
zu R_0 punktgebundenen Vektors $\vec{v}$. Es ist deshalb

$$M_0 \subset M_1 \subset M_2 \subset M_3 .$$

Ist jedem Punkt P des Raumes (einer Ebene (E) oder einer Geraden (g))
ein punktgebundener Vektor zugeordnet, so heißt die Gesamtheit dieser
Punkte mit ihren im allgemeinen verschiedenen Vektoren ein Vektorfeld.

Anmerkung: Aus dem Vektorfeld lassen sich die obigen Vektor-
arten leicht als Sonderfälle herleiten. Wird jedem Punkt des Trägers
ein gleichgroßer paralleler und gleichsinnig gerichteter Vektor zugeordnet, so entsteht ein "homogenes Vektorfeld". Dieses Feld stellt
einen freien, ebenengebundenen oder liniengebundenen Vektor dar, je
nachdem der Raum, eine Ebene parallel zum Vektor oder eine Gerade
parallel zum Vektor als Träger gewählt wird. Nimmt man einen einzelnen Punkt als Träger, so artet das Vektorfeld zum punktgebundenen
Vektor aus.

1.3. Skalare

Vektoren werden durch die drei Bestimmungsstücke Betrag, Richtung und
Richtungssinn festgelegt. Bei Vektorgrößen tritt noch die Dimension hinzu.
Ihnen gegenüber stehen alle die Objekte mathematischer oder physikalischer
Betrachtung. die durch Angabe einer reellen Zahl allein vollständig be-
stimmt sind, also keinerlei Richtungseigenschaften besitzen. Sie heißen
Skalare und werden zum Unterschied von den Vektoren mit kleinen oder
großen lateinischen Buchstaben, z.B. a, b, c,...; A, B, C,... bezeichnet.
Der Betrag eines Vektors $\vec{a}$ insbesondere kann (als Skalar) auch mit dem
gleichnamigen lateinischen Buchstaben angegeben werden:

$$|\vec{a}| = a.$$

Skalare sind z.B. die reellen Zahlen, alle Arten von Verhältniszahlen, die
Maßzahlen von Winkeln; skalare Größen sind z.B. die mit einer Dimension
versehenen physikalischen Größen Rauminhalt, Zeit, Masse, Arbeit, Tem-
peratur, allgemein jeder physikalische Mengenbegriff (Wärmemenge,
Elektrizitätsmenge usw.).
Ist jedem Punkt des Raumes oder eines Raumteils ein Skalar zugeordnet, so
spricht man von einem Skalarfeld (z.B. Temperaturfeld im Innern, an
der Oberfläche und außerhalb der Erde).

1.4. Forderungen zur Aufstellung von Rechenregeln

Vektoren sind mathematische Objekte von allgemeinerer Art als die reellen
Zahlen. Will man mit Vektoren "rechnen", so müssen erst Verknüpfungs-
vorschriften zwischen zwei (oder mehr) Vektoren erklärt werden. Von
diesen Vorschriften erwarten wir sinnvollerweise, daß sie auf Rechenregeln führen, die mindestens teilweise den Regeln entsprechen, die für
reelle Zahlen gelten, und daß sie einfache und übersichtliche praktische
Anwendungen in Mathematik und Physik gestatten. Die späteren Verknüp-
fungsvorschriften bei der "Addition" und "Multiplikation" von Vektoren
haben sich bezüglich dieser Forderungen als besonders geeignet erwiesen.
Beim Aufbau eines Rechnens mit Vektoren ist für jede neu eingeführte Verknüpfung von Vektoren zu untersuchen, welche der Regeln für das Rechnen
mit reellen Zahlen übernommen werden können, welche zu streichen sind,
und welche andersartigen Regeln u. U. neu auftreten. Zur Übersicht seien
nachfolgend die Grundrechengesetze angegeben, nach denen sich das
Rechnen mit natürlichen (d. h. ganzen positiven) Zahlen vollzieht.

Summe

S I. Zu zwei natürlichen Zahlen a und b gibt es immer eine natürliche
Zahl s, welche die "Summe" aus a und b heißt. Man schreibt
dafür
$$s = a + b.$$

S II. Die unter S I erklärte Summe ist eindeutig bestimmt.

S III. Für drei natürliche Zahlen a, b, c ist stets

$$(a + b) + c = a + (b + c) \qquad \text{(assoziatives Gesetz).}$$

S IV. $$a + b = b + a \qquad \text{(kommutatives Gesetz).}$$

S V. Aus $a > b$ folgt $a + c > b + c$ $\qquad$ (Monotoniegesetz).

Produkt

P I. Zu zwei natürlichen Zahlen a und b gibt es immer eine natürliche
Zahl p, welche das "Produkt" aus a und b heißt. Man schreibt
dafür
$$p = a \cdot b \quad \text{oder kurz} \quad p = ab.$$

P II. Das unter P I erklärte Produkt ist eindeutig bestimmt.

P III. Für drei natürliche Zahlen a, b, c ist stets

$$(ab) c = a (bc) \qquad \text{(assoziatives Gesetz).}$$

P IV. Es ist $\qquad ab = ba$ $\qquad$ (kommutatives Gesetz).

P V. Aus $a > b$ folgt $ac > bc$ $\qquad$ (Monotoniegesetz).

P VI. Es ist $\qquad (a + b) c = ac + bc$ $\qquad$ (distributives Gesetz).

Die Einführung einer "Differenz" und eines "Quotienten" zweier natür-
licher Zahlen zwingt bereits zu einer Erweiterung dieses Zahlbereichs.
Sie erfolgt durch die Forderungen

Differenz

D. Zu zwei natürlichen Zahlen a und b soll es stets eine Zahl x
geben, so daß $a + x = b$ ist. Die Zahl x heißt die "Differenz" aus
b und a. Man schreibt

$$x = b - a.$$

Quotient

Q. Zu zwei natürlichen Zahlen a und b soll es stets eine Zahl y geben, so daß $ay = b$ ist. Die Zahl y heißt der "Quotient" aus b
und a. Man schreibt

$$y = \frac{b}{a}.$$

Die Forderungen D und Q sind im Bereich der natürlichen Zahlen nicht
mehr unbeschränkt ausführbar. Die Differenz x ist nur dann eine natürliche Zahl, wenn $b > a$ ist, und der Quotient y nur, wenn b durch a teil-
bar ist. Soll Regel D bzw. Regel Q unbeschränkt anwendbar sein, so muß
der Bereich der natürlichen Zahlen erweitert werden zum Bereich der
ganzen Zahlen bzw. zum Bereich der positiven rationalen Zahlen. Fordert
man beides, so gelangt man zum Bereich der rationalen Zahlen. Hier sind
erstmals alle genannten Rechengesetze erfüllt (mit der zusätzlichen Forderung $a \neq 0$ bei Q und $c > 0$ bei P V). Der Bereich der rationalen Zahlen
wird durch Hinzunahme der irrationalen Zahlen erweitert zum Bereich der
reellen Zahlen, in dem die Rechengesetze für rationale Zahlen unverändert
weitergelten. Eine nochmalige Erweiterung des Bereichs ohne Änderung
bzw. Aufgabe eines Teils der obigen Rechenregeln ist nicht mehr möglich.
Beim Übergang zu den komplexen Zahlen z.B. muß die durch die Zeichen
$<$ bzw. $>$ bezeichnete Anordnung aufgegeben werden; auch beim Rechnen
mit Vektoren zeigt sich, daß eine Ordnungsbeziehung dieser Art nicht
sinnvoll angesetzt werden kann.

Lassen sich nun beim Aufbau einer Vektorrechnung Verknüpfungen zweier
Vektoren so erklären, daß sie gewisse charakteristische Eigenschaften
mit der Summe bzw. dem Produkt reeller Zahlen gemeinsam haben, so
sollen diese Verknüpfungen auch in der Vektorrechnung Summe bzw. Produkt heißen. Wir untersuchen solche Verknüpfungen in Analogie zu den
Rechengesetzen für das Rechnen mit reellen Zahlen auf folgende Eigenschaften:

S I und   P I (unbeschränkte Ausführbarkeit)
S II und   P II (Eindeutigkeit)
S III und   P III (Assoziativität)
S IV und   P IV (Kommutativität).

Anstelle von S V und P V wählen wir die schwächeren Fassungen

$(S, P)V'$, 1. Teil: Aus $a = b$ folgt $a + c = b + c$ und $a c = b c$;
$(S, P)V'$, 2. Teil: Aus $a \neq b$ folgt $a + c \neq b + c$ und (für $c \neq 0$)
$\qquad\qquad\qquad\qquad a c \neq b c$ (Gleichheits- und Ungleichheitsbeziehungen)
P VI   (Distributivität)
D   (Möglichkeit einer Differenzbildung)
Q   (Möglichkeit einer Quotientenbildung).

2. Addition und Subtraktion von Vektoren

2.1. Einführung

Ein Vektor $\vec{a}$ verschiebt die Punkte A, B, C in die Punkte A', B', C'
(Bild 7), ein Vektor $\vec{b}$ die neuen Punkte in A", B", C". Dabei sei
A" $\neq$ A. Der orientierte Streckenzug A, A', A" heißt die durch $\vec{a}$ und $\vec{b}$
erzeugte V e k t o r k e t t e. Aus Bild 7 folgt, daß $\overrightarrow{AA"}$, $\overrightarrow{BB"}$, $\overrightarrow{CC"}$ Repräsentanten ein und desselben freien Vektors $\vec{c}$ sind, der nur von den Vek-
toren $\vec{a}$ und $\vec{b}$, nicht von der Lage der Punkte A, B, C im Raum abhängt.
$\vec{c}$ heißt der Schlußvektor der durch $\vec{a}$ und $\vec{b}$ erzeugten Vektorkette.

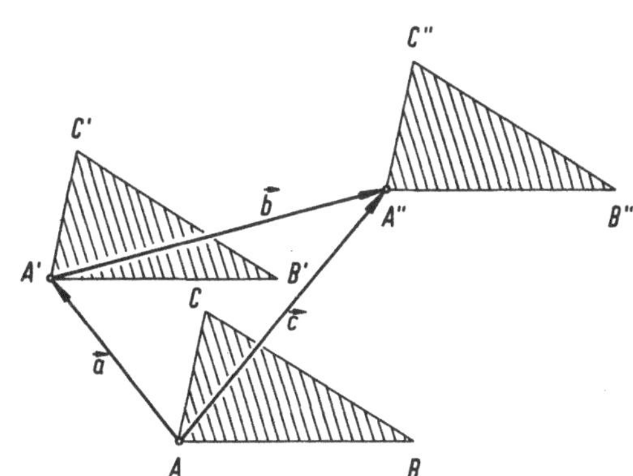

Bild 7

Im Sonderfall $\vec{b} \uparrow\uparrow \vec{a}$ (Bild 8) wird auch $\vec{c} \uparrow\uparrow \vec{a}$, und $|\vec{c}|$ ist die arithmetische
S u m m e von $|\vec{a}|$ und $|\vec{b}|$. Wir fassen Bild 7 als Verallgemeinerung von
Bild 8 auf und erklären eine Summe zweier Vektoren $\vec{a}$ und $\vec{b}$ durch die

D e f i n i t i o n 2.1
    Der Schlußvektor $\vec{c}$ der durch $\vec{a}$ und $\vec{b}$ erzeugten Vektorkette heißt
    die S u m m e aus $\vec{a}$ und $\vec{b}$.

Schreibweise: $\vec{c} = \vec{a} + \vec{b}$.

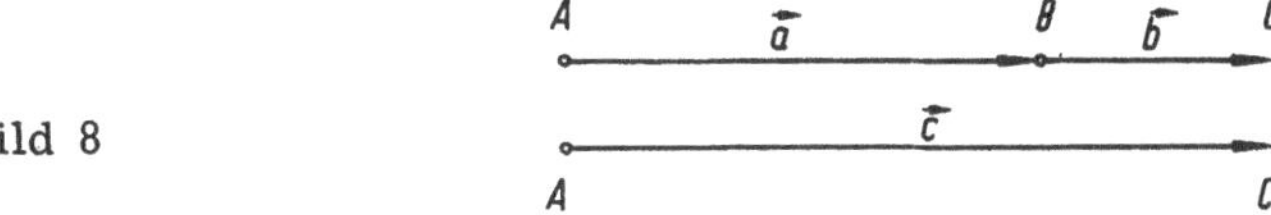

Bild 8

Der Vektor $\vec{c}$ wird nach Bild 13 durch die orientierte Diagonale $\overrightarrow{OC}$
des Parallelogramms $(O; \vec{a}, \vec{b})$ dargestellt.

Im Sonderfall $|\vec{a}'| = |\vec{a}|$ und $\vec{a}' \uparrow \downarrow \vec{a}$ wird durch Definition 2.1 kein Schluß-
vektor $\vec{c} = \vec{a} + \vec{a}'$ erklärt, weil die Vektorkette aus $\vec{a}$ und $\vec{a}'$ nach Bild 9
zum Anfangspunkt A von $\vec{a}$ zurückführt. Um die Definition 2.1. nicht
einschränken zu müssen, wird auch dieser Fall als Summe bezeichnet,
und wir schreiben

$$\vec{a} + \vec{a}' = \vec{o}.$$

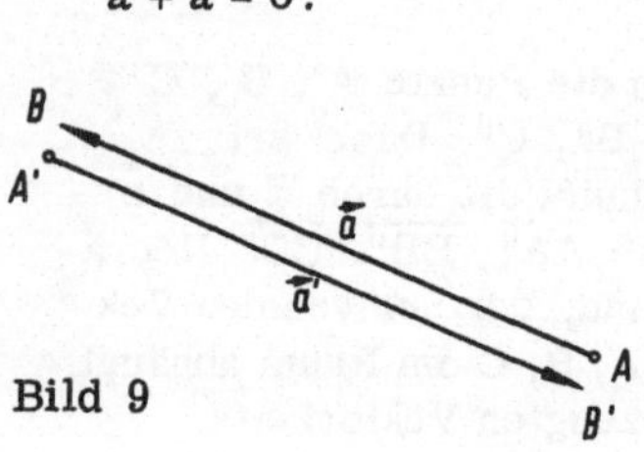

Bild 9

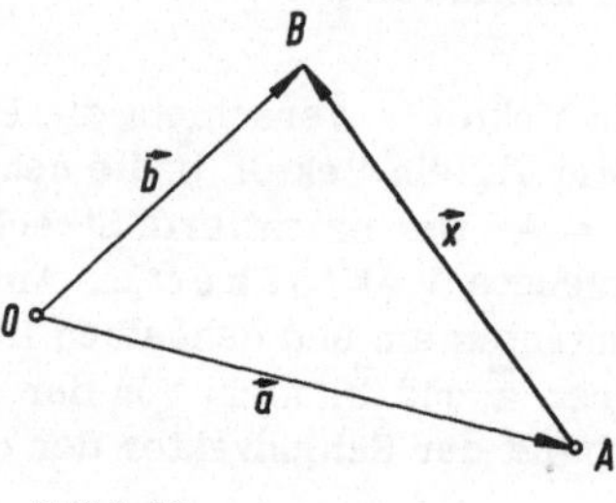

Bild 10

$\vec{o}$ heißt der Nullvektor; ihm wird der Betrag 0, aber keine Richtung
zugeschrieben. Er spielt beim Rechnen mit Vektoren eine ähnliche Rolle
wie die Zahl 0 beim Rechnen mit reellen Zahlen. (Ein anschauliches Beispiel aus der Physik enthält Bild 70f mit dem "Geschwindigkeitsvektor"
im Mittelpunkt M der rotierenden Scheibe.)

Anmerkung: Bei den folgenden Beweisführungen wird auf den
Nullvektor i. a. nicht eingegangen. Die durch den Nullvektor ent-
stehenden Sonderfälle sind so einfacher Art, daß sie der Leser selber
untersuchen kann.

2.2. Eigenschaften der Summe zweier oder mehrerer Vektoren

2.2.1. Ausführbarkeit und Eindeutigkeit

Die Rechengesetze S I und S II in 1.4 sind auf Grund der Definition 2.1
erfüllt.

2.2.2. Die Differenz zweier Vektoren

Aus Bild 10 folgt, daß es zu zwei Vektoren $\vec{a}$ und $\vec{b}$ stets genau einen
Vektor $\vec{x}$ gibt, so daß

$$\vec{a} + \vec{x} = \vec{b} \tag{1'}$$

ist. $\vec{x}$ heißt die "Differenz" aus $\vec{b}$ und $\vec{a}$.

Schreibweise:

$$\vec{x} = \vec{b} - \vec{a}. \tag{1}$$

Setzt man in (1') $\vec{b} = \vec{a}$, so ist nach Bild 11 $\vec{x} = \vec{o}$. Deshalb gilt

$$\vec{a} + \vec{o} = \vec{a}. \tag{2}$$

Setzt man in (1') $\vec{b} = \vec{o}$, so ist $\vec{x} = \vec{o} - \vec{a}$. Andererseits ist nach Bild 9
$\vec{x} = \vec{a'}$. Der Vektor $\vec{a'}$ hat gleichen Betrag, gleiche Richtung, aber entgegengesetzte Orientierung wie $\vec{a}$ und heißt der zu $\vec{a}$ "entgegengesetzte Vektor".
Man schreibt $\vec{a'} = - \vec{a}$, und es ist dann

$$\vec{a} + (-\vec{a}) = \vec{a} - \vec{a} = \vec{o} \tag{3'}$$

Nach Bild 11 gilt allgemein

$$\vec{b} + (-\vec{a}) = \vec{b} - \vec{a}. \tag{3}$$

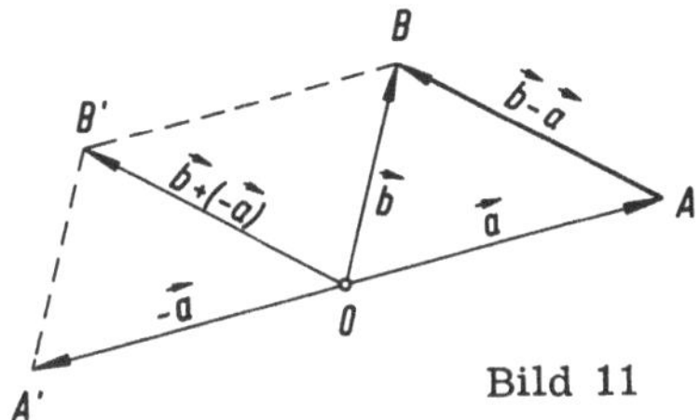

Bild 11

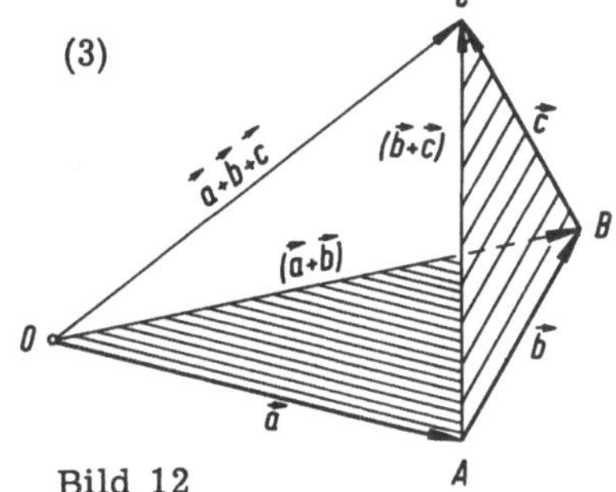

Bild 12

Definition 2.2.2
  Die Differenz $\vec{b} - \vec{a}$ zweier Vektoren $\vec{b}$ und $\vec{a}$ ist die Summe des Vektors $\vec{b}$ mit dem zu $\vec{a}$ entgegengesetzten Vektor $(-\vec{a})$.

  Anmerkung: Die Subtraktion zweier Vektoren ist mit Definition 2.2.2 auf die Addition zurückgeführt. Sie ist wie diese unbeschränkt ausführbar. Alle Rechenregeln zur Addition gelten sinngemäß auch für die Subtraktion.

2.2.3. Das assoziative Gesetz

Die Assoziativität S III in 1.4. folgt aus Bild 12:

$$(\vec{a} + \vec{b}) + \vec{c} = \vec{a} + (\vec{b} + \vec{c}) = \vec{a} + \vec{b} + \vec{c}.$$

2.2.4. Das kommutative Gesetz

Nach Bild 13 ist

$$\vec{c} = \overrightarrow{OA} + \overrightarrow{AC} = \vec{a} + \vec{b} \quad \text{und}$$
$$\vec{c} = \overrightarrow{OB} + \overrightarrow{BC} = \vec{b} + \vec{a}.$$

S IV in 1.4. gilt.

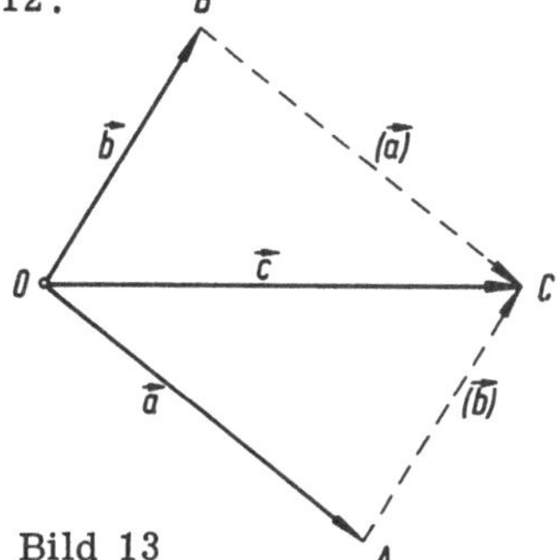

Bild 13

2.2.5. Die Gruppeneigenschaft der Vektoraddition

Eine Menge $M = \{a, b, c, \ldots\}$ mathematischer Objekte heißt eine
Gruppe bezüglich einer bestimmten Verknüpfung (Zeichen $\circ$), wenn ihre
Elemente a, b, c,... folgende Eigenschaften besitzen:

1. Die Verknüpfung $\circ$ ordnet zwei beliebigen Elementen a und b aus M
    eindeutig ein Element c zu, das ebenfalls M angehört:

$$a \circ b = c \quad \text{mit } c \in M.$$

2. Die Verknüpfung $\circ$ ist assoziativ:

$$(a \circ b) \circ c = a \circ (b \circ c).$$

3. Die Menge M besitzt ein Element e, so daß

$$e \circ a = a \circ e = a$$

ist für alle Elemente $a \in M$. (e heißt das neutrale Element der Menge).

4. Jedem Element $a \in M$ ist ein Element $\bar{a} \in M$ zugeordnet, so daß

$$a \circ \bar{a} = \bar{a} \circ a = e$$

ist. ($\bar{a}$ heißt das zu a inverse Element.)

Die Menge M der Vektoren ein und desselben Trägers (vgl. 1.2) besitzt
diese Eigenschaften bezüglich der Addition (+) als Verknüpfung. Neutrales
Element ist der Nullvektor $\vec{o}$, das zum Vektor $\vec{a}$ inverse Element ist der
Vektor $-\vec{a}$. Da für die Addition von Vektoren das kommutative Gesetz gilt,
spricht man speziell von einer kommutativen Gruppe. Auch die reellen
Zahlen z.B. bilden eine kommutative Gruppe bezüglich der Addition, eben-
so die Parallelverschiebungen im Raum (in der Ebene, in der Geraden)
bezüglich der Verknüpfung durch Hintereinanderausführung. Die Analogie
der Vektoraddition zur Addition der reellen Zahlen, sowie die Möglichkeit
ihrer Veranschaulichung durch Parallelverschiebungen beruht auf dieser
Strukturgleichheit.

2.2.6. Gleichheits- und Ungleichheitsbeziehungen

Die Vektorketten in Bild 14 bestätigen die
Gültigkeit von S V' in 1.4.:

$$\vec{a} + \vec{c} \begin{Bmatrix} = \\ \neq \end{Bmatrix} \vec{b} + \vec{c}, \quad \text{wenn } \vec{a} \begin{Bmatrix} = \\ \neq \end{Bmatrix} \vec{b}.$$

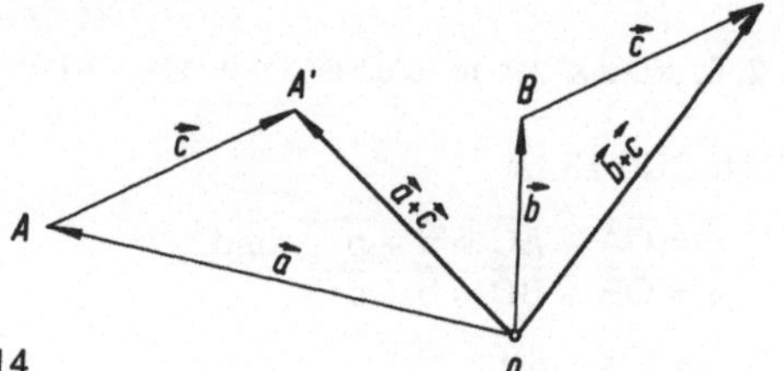

Bild 14

2.2.7. Vielfache von Vektoren

Wird der Vektor $\vec{a}$ zu sich selber addiert, so hat der Summenvektor gleiche Richtung und gleichen Richtungssinn, aber doppelte Länge wie $\vec{a}$ (Bild 15). Man schreibt dafür

$$\vec{a} + \vec{a} = 2\vec{a}.$$

Wir verallgemeinern dies:

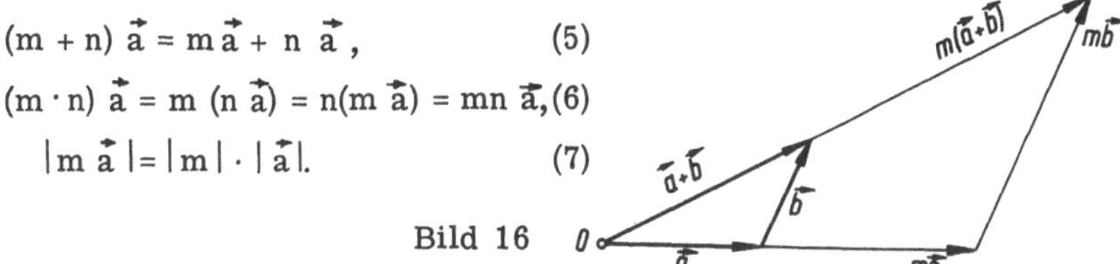
Bild 15

Definition 2.2.7

Es sei m eine von Null verschiedene reelle Zahl. Dann ist $m\,\vec{a}$ ein Vektor, der gleiche Richtung wie $\vec{a}$, den $|m| =$ fachen Betrag von $\vec{a}$ und dieselbe bzw. entgegengesetzte Orientierung wie $\vec{a}$ besitzt, je nachdem $m > 0$ bzw. $m < 0$ ist. Ferner sei $0\,\vec{a} = \vec{o}$ und $m\,\vec{o} = \vec{o}$.

$m \cdot \vec{a}$ (sprich "m mal $\vec{a}$" oder kurz "ma") heißt ein **Vielfaches** des Vektors $\vec{a}$. Das Zeichen $\vec{a}\,m$ soll dasselbe bedeuten wie $m\vec{a}$. Nach Definition 2.2.7 ist $(-m)\vec{a} = m(-\vec{a}) = -(m\vec{a})$; wir schreiben statt dessen auch kurz und unmißverständlich $-m\vec{a}$.
Wird die Vektorkette aus $\vec{a}$ und $\vec{b}$ mit dem Schlußvektor $\vec{a} + \vec{b}$ vom Anfangspunkt O aus zentrisch gestreckt im Verhältnis m:1, so entsteht eine zur Ausgangskette ähnliche Vektorkette (Bild 16 mit $m > 0$). Deshalb ist

$$m(\vec{a} + \vec{b}) = m\,\vec{a} + m\,\vec{b}. \tag{4}$$

Ferner ist

$$(m + n)\,\vec{a} = m\,\vec{a} + n\,\vec{a}, \tag{5}$$

$$(m \cdot n)\,\vec{a} = m\,(n\,\vec{a}) = n(m\,\vec{a}) = mn\,\vec{a}, \tag{6}$$

$$|m\,\vec{a}| = |m| \cdot |\vec{a}|. \tag{7}$$

Bild 16

m und n können in diesen Gleichungen $\gtreqless 0$ sein (vgl. 2.3.2.). Die Gleichungen (4) und (5) entsprechen formal dem distributiven, Gleichung (6) dem assoziativen Gesetz. Da aber hier Skalare und Vektoren, also ungleichartige Elemente verknüpft werden, soll an dieser Stelle, und auch später an entsprechenden Stellen, nicht von einem distributiven (assoziativen) Gesetz, sondern nur von einer distributiven (assoziativen) **Form** gesprochen werden.

2.2.8. Einheitsvektoren

Vektoren vom Betrag 1 heißen **Einheitsvektoren**. Sie werden durch eine hochgesetzte Null gekennzeichnet, z.B. $\vec{a}^0$, $\vec{b}^0$, $\vec{c}^0$ (sprich "$\vec{a}$ oben Null"). Es ist dann $|\vec{a}^0| = |\vec{b}^0| = |\vec{c}^0| = 1$.

Aus dem Einheitsvektor $\vec{a}^0$ lassen sich alle Vektoren $\vec{a}$ von gleicher Richtung und gleichem Richtungssinn aufbauen in der Form

$$\vec{a} = |\vec{a}| \cdot \vec{a}^0 = a\,\vec{a}^0 .$$

Durch diese Darstellung wird $\vec{a}$ in zwei Anteile zerlegt, von denen der erste die Betragseigenschaft, der zweite die Richtungseigenschaft zum Ausdruck bringt. Die Dimension einer Vektorgröße $\vec{a}$ - z.B. Verschiebung in cm, Kraft in kp, Geschwindigkeit in cm s^{-1}, usw. - wird stets dem Betrag, also dem skalaren Anteil, beigefügt.
Soll umgekehrt der zu $\vec{a}$ ($\neq \vec{o}$) gehörende Einheitsvektor $\vec{a}^0$ bestimmt

werden, so bildet man $\vec{a}^0 = \dfrac{1}{|\vec{a}|} \cdot \vec{a} = \dfrac{\vec{a}}{a}$.

2.2.9. Gleichungen zwischen Vektoren

Die Rechenregeln, nach denen Summen und Differenzen im Bereich der reellen Zahlen gebildet werden, gelten nach dem Vorhergehenden auch für das Rechnen mit Vektoren, einschließlich der Regeln für das Vervielfachen. Auf eben diesen Regeln wird aber in der Algebra das Rechnen mit Gleichungen aufgebaut. Man darf deshalb in der Vektorrechnung - unter Übernahme der Rechenvorschriften der Algebra - Gleichungen zwischen Vektoren aufstellen und lösen, soweit der Bereich der o. a. Rechengesetze nicht überschritten wird. Es gelten insbesondere die Regeln über Vorzeichen, Auflösen von Klammern, Vervielfachen von Klammern, Addition desselben Gliedes auf beiden Seiten, usw., obwohl Vektorgleichungen eine andere und entsprechend den Bestimmungsstücken eines Vektors umfassendere Bedeutung haben als Gleichungen zwischen reellen Zahlen.

2.2.10. Komponentenzerlegung von Vektoren

Sind zwei Vektoren $\vec{a}$ und $\vec{v}$ parallel, so können ihre Repräsentanten auf einer Geraden gewählt werden (Bild 17). $\vec{a}$ und $\vec{v}$ heißen dann kollinear, und es ist

$$\vec{v} = m\,\vec{a} . \tag{8}$$

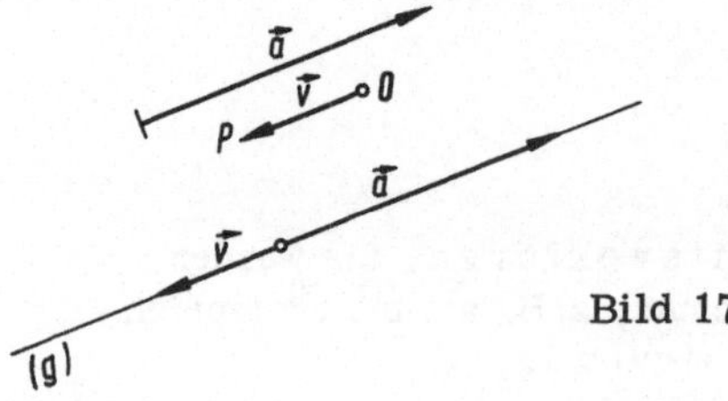

Bild 17

Sind drei Vektoren $\vec{a}$, $\vec{b}$, $\vec{v}$ so beschaffen, daß sie parallel zu einer Ebene (E)
verlaufen, so liegen ihre in einem Punkt O von (E) angesetzten Repräsen-
tanten in (E). Die Vektoren $\vec{a}$, $\vec{b}$, $\vec{v}$ heißen k o m p l a n a r. Sind $\vec{a}$ und $\vec{b}$
nicht kollinear, so läßt sich $\vec{v}$ nach Bild 18 eindeutig in zwei Summanden
$m\vec{a}$ und $n\vec{b}$ parallel zu $\vec{a}$ bzw. $\vec{b}$ erlegen. Es ist dann

$$\vec{v} = m\,\vec{a} + n\,\vec{b}. \tag{9}$$

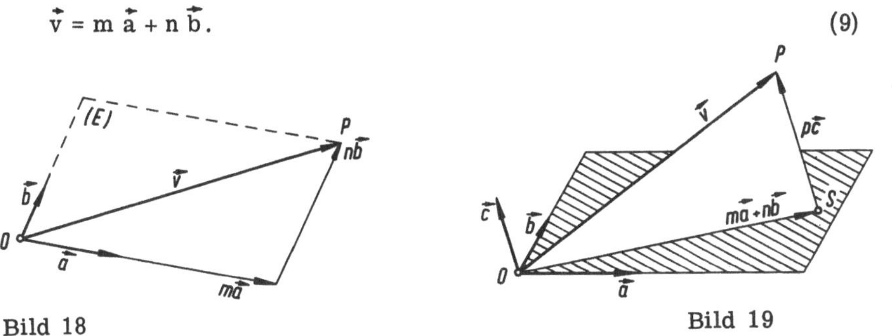

Bild 18   Bild 19

Die Vektoren $m\,\vec{a}$ und $n\,\vec{b}$ heißen die K o m p o n e n t e n des Vektors $\vec{v}$ und
die Zahlen m und n seine K o o r d i n a t e n bezüglich der Vektoren $\vec{a}$ und $\vec{b}$.
(Zahlenmäßige Berechnung vgl. 4. 3. 7).

Sind vier Vektoren $\vec{a}$, $\vec{b}$, $\vec{c}$, $\vec{v}$ gegeben, und sind $\vec{a}$, $\vec{b}$, $\vec{c}$ nicht komplanar,
so kann $\vec{v}$ stets eindeutig nach den Richtungen $\vec{a}$, $\vec{b}$, $\vec{c}$ zerlegt werden:
In Bild 19 sind die vier Repräsentanten in O angesetzt. Die Parallele zu $\vec{c}$
durch den Endpunkt P von $\vec{v}$ schneidet die Ebene E(O; $\vec{a}$, $\vec{b}$) in S, und es
ist

$$\overrightarrow{OS} = m\,\vec{a} + n\,\vec{b} \quad \text{und} \quad \overrightarrow{SP} = p\,\vec{c}.$$

Wegen $\vec{v} = \overrightarrow{OP} = \overrightarrow{OS} + \overrightarrow{SP}$ wird

$$\vec{v} = m\,\vec{a} + n\,\vec{b} + p\,\vec{c}. \tag{10}$$

(Zahlenmäßige Berechnung der Koordinaten m, n, p bzw. der Komponenten
$m\vec{a}$, $n\vec{b}$, $p\vec{c}$ des Vektors $\vec{v}$ vgl. 5. 4.)

Zum praktischen Rechnen wird (10) meist in der Form

$$\vec{v} = m\,\vec{a} + n\,\vec{b} + p\,\vec{c} = \begin{pmatrix} m \\ n \\ p \end{pmatrix}$$

angeschrieben. Man nennt dies die "Spaltenschreibweise des Vektors $\vec{v}$
bezüglich der Grundvektoren $\vec{a}$, $\vec{b}$, $\vec{c}$".

Die Gleichungen (8), (9) und (10) sind Sonderfälle einer "linearen Abhängigkeit" von Vektoren. Diese Abhängigkeit wird in allgemeiner (auch bei
einer Erweiterung des Vektorbegriffs auf einen m-dimensionalen Raum mit
m > 3 gültigen) Form so gefaßt:

Definition 2.2.10

n Vektoren $\vec{a}_1, \vec{a}_2, \vec{a}_3, \ldots, \vec{a}_n$ heißen linear abhängig, wenn sich n reelle Zahlen $k_1, k_2, k_3, \ldots, k_n$, von denen mindestens eine $\neq 0$ ist, so angeben lassen, daß die Gleichung

$$k_1 \vec{a}_1 + k_2 \vec{a}_2 + k_3 \vec{a}_3 + \ldots + k_n \vec{a}_n = \vec{o}$$

besteht. Gibt es solche Zahlen nicht, so heißen die Vektoren linear unabhängig.

In Gleichung (10) ist z. B. $n = 4$, $\vec{a}_1 = \vec{v}$, $\vec{a}_2 = \vec{a}$, $\vec{a}_3 = \vec{b}$, $\vec{a}_4 = \vec{c}$; $k_1 = 1$, $k_2 = -m$, $k_3 = -n$, $k_4 = -p$.
Die drei Gleichungen (8), (9) und (10) besagen dann:

- 2 parallele Vektoren sind linear abhängig;
- 3 Vektoren, die parallel zu einer Ebene (E) liegen, sind linear abhängig;
- 4 Vektoren im Raum sind linear abhängig.

Die Gleichungen (10), (9) und (8) erlauben es, jeden Vektor im Raume aus drei beliebig gewählten linear unabhängigen Vektoren $\vec{a}$, $\vec{b}$, $\vec{c}$, jeden Vektor in der Ebene aus zwei beliebig in dieser Ebene gewählten linear unabhängigen Vektoren $\vec{a}$ und $\vec{b}$, jeden Vektor in einer Geraden aus einem beliebig in dieser Geraden gewählten Vektor $\vec{a} \neq \vec{o}$ aufzubauen. Die für einen solchen Aufbau ausgewählten Vektoren heißen G r u n d v e k t o r e n. Jede Zusammenstellung linear unabhängiger Grundvektoren heißt eine B a s i s (z. B. $\vec{a}$, $\vec{b}$, $\vec{c}$ im Raum; $\vec{a}$ in einer zu $\vec{a}$ parallelen Geraden). Die Möglichkeit der eindeutigen Komponentenzerlegung von Vektoren nach einer passend gewählten Basis ist die Grundlage für das praktische Rechnen mit Vektoren.

A n m e r k u n g: Von hier aus ist auch ein arithmetischer Aufbau der gesamten Vektorrechnung möglich, der von vorgegebenen Forderungen hinsichtlich der Struktur auf axiomatischem Weg zu den Regeln für das Rechnen mit Vektoren gelangt, ohne die geometrische Anschauung zu Hilfe zu nehmen.

2.2.11. D e r K o o r d i n a t e n v e r g l e i c h b e i V e k t o r g l e i c h u n g e n

Nach 2.2.10. ist die Zerlegung eines Vektors $\vec{v}$ nach einer Basis von drei linear unabhängigen Grundvektoren $\vec{a}$, $\vec{b}$, $\vec{c}$ in R_3 (bzw. zwei linear unabhängigen Grundvektoren $\vec{a}$, $\vec{b}$ in R_2) eindeutig. Kann der Vektor $\vec{v}$ z. B. dargestellt werden in den beiden Formen

$$\vec{v} = m_1 \vec{a} + n_1 \vec{b} + p_1 \vec{c} \tag{11}$$

und

$$\vec{v} = m_2 \vec{a} + n_2 \vec{b} + p_2 \vec{c} \tag{12}$$

so müssen wegen der Eindeutigkeit der Zerlegung nach der Basis $(\vec{a}, \vec{b}, \vec{c})$ die Koordinanten der gleichnamigen Grundvektoren in (11) und (12) übereinstimmen. Durch diesen "Koordinatenvergleich" gewinnt man aus der **einen** Vektorgleichung

$$m_1\,\vec{a} + n_1\,\vec{b} + p_1\,\vec{c} = m_2\,\vec{a} + n_2\,\vec{b} + p_2\,\vec{c} \tag{13}$$

die **drei** skalaren Gleichungen

$$m_1 = m_2, \quad n_1 = n_2, \quad p_1 = p_2. \tag{13'}$$

Ist speziell $m\,\vec{a} + n\,\vec{b} + p\,\vec{c} = \vec{o}$, so liefert der Koordinatenvergleich wegen $\vec{o} = 0 \cdot \vec{a} + 0 \cdot \vec{b} + 0 \cdot \vec{c}$ die drei Gleichungen $m = 0$, $n = 0$, $p = 0$.

Eine Vektorgleichung in R_3 ist somit gleichwertig mit drei skalaren Gleichungen, eine Vektorgleichung in R_2 entsprechend mit zwei skalaren Gleichungen. Die Methode des Koordinatenvergleichs bietet eine erste Möglichkeit, von Beziehungen zwischen Vektoren überzugehen zu Beziehungen zwischen Skalaren, d. h. aber zu einem numerischen Rechnen. (Beispiele für solche Ansätze vgl. 2.4.3., 2.4.4., 2.4.5.)

2.2.12. Die Vektorkette

Werden n Vektoren $\vec{a}_1, \vec{a}_2, \ldots, \vec{a}_n$ addiert, so erzeugen die benützten Repräsentanten eine **Vektorkette** (Bild 20). Eine Vektorkette heißt geschlossen oder offen, je nachdem der Anfangspunkt O mit dem Endpunkt A_n des Streckenzugs zusammenfällt oder nicht. Für geschlossene Vektorketten ist stets

$$\vec{a}_1 + \vec{a}_2 + \ldots + \vec{a}_n = \vec{o}.$$

Offene Vektorketten können mit dem zum resultierenden Vektor

$$\vec{a} = \vec{a}_1 + \vec{a}_2 + \ldots + \vec{a}_n \tag{14}$$

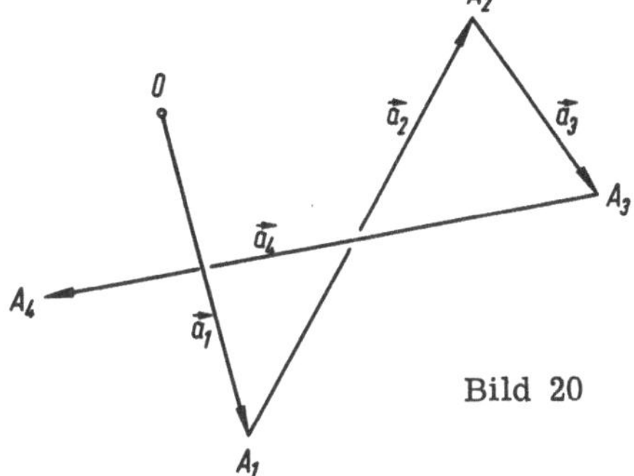

entgegengesetzten Vektor $(-\vec{a})$ geschlossen werden. Für die im Sinn eines Umlaufs orientierten Seitenvektoren $\vec{a}, \vec{b}, \vec{c}$ eines Dreiecks insbesondere gilt nach (14) die "Dreiecksbedingung"

$$\vec{a} + \vec{b} + \vec{c} = \vec{o}. \tag{14'}$$

2.2.13. Addition gebundener Vektoren

Gebundene Vektoren, die ein und demselben Träger angehören, werden
nach Definition 2.1 addiert. Der Summenvektor ist ein Element dieses
Trägers. Sollen gebundene Vektoren addiert werden, die verschiedenen
(aber unter sich gleichartigen) Trägern angehören, so muß ein Träger für
den Summenvektor erst erklärt werden.

Beispiel 1
Die ebenengebundenen Vektoren $\vec{a}(E_1)$ und $\vec{b}(E_2)$, deren Trägerebenen
(E_1) und (E_2) nicht parallel sind, sollen addiert werden.

Es sei (g) die Schnittgerade von (E_1) und (E_2), $\vec{c}$ die Summe der
freien Vektoren $\vec{a}$ und $\vec{b}$. Dann erzeugt $\vec{c}$ mit (g) eine neue Träger-
ebene (E_3) (Bild 21). Wir setzen fest

$$\vec{a}(E_1) + \vec{b}(E_2) = \vec{c}(E_3).$$

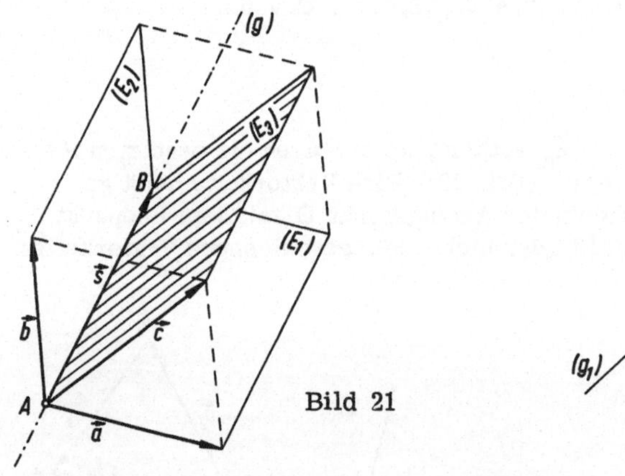

Bild 21

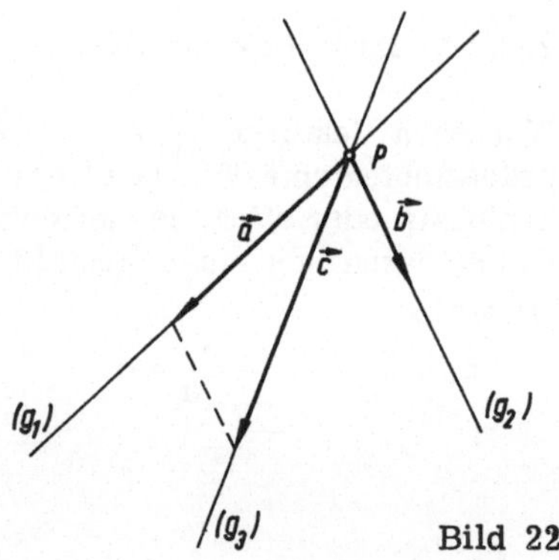

Bild 22

Beispiel 2
Die liniengebundenen Vektoren $\vec{a}(g_1)$ und $\vec{b}(g_2)$, deren Trägergeraden (g_1)
und (g_2) sich schneiden, sollen addiert werden.

Es sei P der Schnittpunkt von (g_1) und (g_2), $\vec{c}$ die Summe der freien
Vektoren $\vec{a}$ und $\vec{b}$. Dann erzeugt $\vec{c}$ mit P eine neue Trägergerade
(g_3) (Bild 22). Wir setzen fest

$$\vec{a}(g_1) + \vec{b}(g_2) = \vec{c}(g_3).$$

Ist $(g_1) \parallel (g_2)$, so führt man die Summe $\vec{a}(g_1) + \vec{b}(g_2)$ nach Bild 23
auf den obigen Fall zurück: (g) sei eine (g_1) und (g_2) in A und B
schneidende Gerade, $\vec{v}(g)$ ein an (g) gebundener, sonst beliebiger

Vektor. Die liniengebundenen Vektoren $\vec{A}(g_4) = \vec{a}(g_1) + \vec{v}(g)$
und $\vec{B}(g_5) = \vec{b}(g_2) - \vec{v}(g)$ erzeugen die Summe

$$\vec{A}(g_4) + \vec{B}(g_5) = \vec{a}(g_1) + \vec{b}(g_2)$$

mit dem Träger (g_3), der parallel zu (g_1) und (g_2) ist und die
Strecke $\overline{AB}$ im Verhältnis $|\vec{b}| : |\vec{a}|$ innen bzw. außen teilt, falls $\vec{b} \uparrow\uparrow \vec{a}$
bzw. $\vec{b} \uparrow\downarrow \vec{a}$ ist (vgl. 2.4.3).

Anmerkung: Die Addition liniengebundener Vektoren wird in der
Physik z.B. bei der Lehre von den Kräften am starren Körper benötigt.

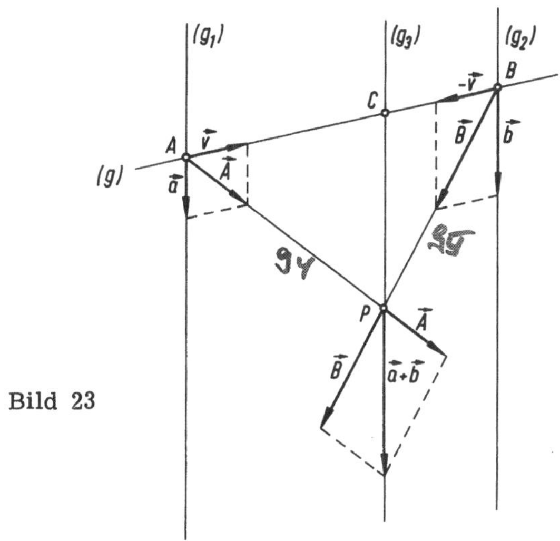

Bild 23

2.2.14. Die Anwendung der Rechenregeln

Die Grundgesetze S (vgl. 1.4.) haben sich hinsichtlich der durch Definition
2.1. erklärten Vektoraddition als gültig erwiesen. Aus diesen Grund-
gesetzen lassen sich eine Anzahl weiterer, für das praktische Rechnen
unentbehrlicher Regeln unabhängig von der Anschauung durch rein formale
Anwendung dieser Gesetze gewinnen.

Beispiel
Die Richtigkeit der "Klammerregel" $\vec{u} - (-\vec{v}) = \vec{u} + \vec{v}$ soll mit Hilfe der
Grundgesetze S und D (vgl. 1.4.) bewiesen werden.

Es sei

$$\vec{x} = \vec{u} - (-\vec{v}). \tag{15}$$

Dann ist nach

D	$(-\vec{v}) + \vec{x} = \vec{u}$
S IV	$\vec{x} + (-\vec{v}) = \vec{u}$
S V'	$\{\vec{x} + (-\vec{v})\} + \vec{v} = \vec{u} + \vec{v}$
S III	$\vec{x} + \{(-\vec{v}) + \vec{v}\} = \vec{u} + \vec{v}$
S IV	$\vec{x} + \{\vec{v} + (-\vec{v})\} = \vec{u} + \vec{v}$
2.2.2., Gl. (3')	$\vec{x} + \vec{o} = \vec{u} + \vec{v}$
2.2.2., Gl. (2)	$\vec{x} = \vec{u} + \vec{v}$

$$(16)$$

(15), (16) bestätigen die Behauptung.

2.3. Aufgaben

1. Wie müssen die Vektoren $\vec{a}$ und $\vec{b}$ beschaffen sein, damit für ihre
   Summe die Beziehung $|\vec{a} + \vec{b}| = |\vec{a}| + |\vec{b}|$ gilt? Kann auch
   $|\vec{a} + \vec{b}| = |\vec{a}| - |\vec{b}|$ sein? Weise die Richtigkeit der Abschätzung
   $|\vec{a}| - |\vec{b}| \leq |\vec{a} + \vec{b}| \leq |\vec{a}| + |\vec{b}|$ an Hand einer passenden Figur nach.

2. Veranschauliche durch entsprechende Figuren die Gültigkeit folgender
   Rechenregeln:
   a) $m(\vec{a} + \vec{b}) = m\,\vec{a} + m\,\vec{b}$ für $m < 0$ (vgl. Bild 16)
   b) $(m + n)\,\vec{a} = m\,\vec{a} + n\,\vec{a}$ für (m, n) beliebig reell
   c) $(m\,n)\,\vec{a} = m\,(n\,\vec{a}) = n\,(m\,\vec{a})$ für (m, n) beliebig reell
   d) $|m\,\vec{a}| = |m| \cdot |\vec{a}|$.

3. Die Summe $\vec{a} + \vec{b}$ und die Differenz $\vec{a} - \vec{b}$ sollen am Parallelogramm
   $(O; \vec{a}, \vec{b})$ mit der erzeugenden Ecke O und den Seitenvektoren $\overrightarrow{OA} = \vec{a}$
   und $\overrightarrow{OB} = \vec{b}$ veranschaulicht werden (Zeichnung!). Wie heißen die
   halben Diagonalvektoren $\overrightarrow{OM}$ und $\overrightarrow{AM}$ des Parallelogramms?
   Zeige durch Rechnung mit Hilfe der Dreiecksbedingung 2.2.12.,
   Gl. (14'), daß die Vektoren $\overrightarrow{OA}$, $\overrightarrow{AM}$ und $\overrightarrow{MO}$ eine geschlossene Vektorkette bilden.

4. Gegeben sind die beiden Vektoren $\overrightarrow{OA} = \vec{a}$ und $\overrightarrow{OB} = \vec{b}$. $\overrightarrow{OA}^{O}$ und $\overrightarrow{OB}^{O}$
   seien die zugehörigen Einheitsvektoren $\vec{a}^{O}$ und $\vec{b}^{O}$. Zeige, daß der
   Vektor $\overrightarrow{OC} = \vec{a}^{O} + \vec{b}^{O}$ den Winkel der Vektoren $\vec{a}$ und $\vec{b}$ halbiert.
   Untersuche, ob $\overrightarrow{OC}$ selbst wieder ein Einheitsvektor sein kann.

5. Weise nach, daß auf Grund der Definition der linearen Abhängigkeit
   von Vektoren in 2.2.10. jedes System von n Vektoren linear abhängig
   wird, wenn einer dieser Vektoren der Nullvektor $\vec{o}$ ist.

6. Beweise durch schrittweise Anwendung der Rechengesetze S und D
   in 1.4. die folgenden Rechenregeln:
   a) $\vec{b} + (-\vec{a}) = \vec{b} - \vec{a}$
   b) $-(\vec{a} + \vec{b}) = -\vec{a} - \vec{b}$
   c) $\vec{a} - (\vec{b} + \vec{c}) = (\vec{a} - \vec{b}) - \vec{c}$
   d) $m(-\vec{v}) = (-m)\,\vec{v} = -(m\,\vec{v})$.

Anleitung zu d): Die Zahl (-m) ist erklärt als Lösung x der Gleichung m + x = 0. Daraus folgt (m + x) $\vec{v}$ = 0 · $\vec{v}$. Entsprechend für $(-\vec{v})$.

2.4. Beispiele zum praktischen Rechnen

1. Die nicht komplanaren Vektoren $\vec{a}$, $\vec{b}$, $\vec{c}$ bestimmen das Tetraeder OABC mit der erzeugenden Ecke O (Bild 24). Es sollen folgende Vektoren angegeben werden:
a) Die restlichen Kantenvektoren, b) der Verbindungsvektor $\overrightarrow{M_1 M_4}$ der Seitenmitten von $\overrightarrow{OA}$ und $\overrightarrow{BC}$, c) der Vektor $\overrightarrow{OS}$ zum Schwerpunkt S des Dreiecks ABC.

a) Das Dreieck ABC wird orientiert, z.B. im Sinne des Umlaufs $\overrightarrow{AB}$, $\overrightarrow{BC}$, $\overrightarrow{CA}$. Dann ist $\overrightarrow{AB} = \overrightarrow{AO} + \overrightarrow{OB} = -\vec{a} + \vec{b} = \vec{b} - \vec{a}$. Entsprechend wird $\overrightarrow{BC} = \vec{c} - \vec{b}$, $\overrightarrow{CA} = \vec{a} - \vec{c}$.

b) $\overrightarrow{M_1M_4}$ erhält man z.B. durch den Streckenzug M_1OCM_4. Mit
$$\overrightarrow{OM_1} = \frac{\vec{a}}{2}, \quad \overrightarrow{OC} = \vec{c}, \quad \overrightarrow{M_4C} = \frac{1}{2} \cdot \overrightarrow{BC} = \frac{1}{2}(\vec{c} - \vec{b}) \text{ wird}$$
$$\overrightarrow{M_1M_4} = \overrightarrow{M_1O} + \overrightarrow{OC} + \overrightarrow{CM_4} = -\frac{\vec{a}}{2} + \vec{c} - \frac{1}{2}(\vec{c} - \vec{b}) = \frac{1}{2}(-\vec{a} + \vec{b} + \vec{c}).$$

c) $\overrightarrow{OS}$ ist der Schlußvektor der Vektorkette $\overrightarrow{OC} + \overrightarrow{CS}$ mit $\overrightarrow{CS} = \frac{2}{3}\overrightarrow{CM_2}$. Dabei ist $\overrightarrow{CM_2} = \overrightarrow{CO} + \overrightarrow{OA} + \frac{1}{2}\overrightarrow{AB} = -\vec{c} + \vec{a} + \frac{1}{2}(\vec{b} - \vec{a}) = -\vec{c} + \frac{1}{2}(\vec{a} + \vec{b})$. Somit
$$\overrightarrow{OS} = \vec{c} + \frac{2}{3}\left\{-\vec{c} + \frac{1}{2}(\vec{a} + \vec{b})\right\} = \frac{\vec{c}}{3} + \frac{\vec{a}}{3} + \frac{\vec{b}}{3} = \frac{1}{3}(\vec{a} + \vec{b} + \vec{c}).$$

Anmerkung: Zur Bestimmung eines Vektors $\overrightarrow{PQ}$ in einer Vielflachfigur kann jeder beliebige orientierte Kantenweg benützt werden, der von P nach Q führt.

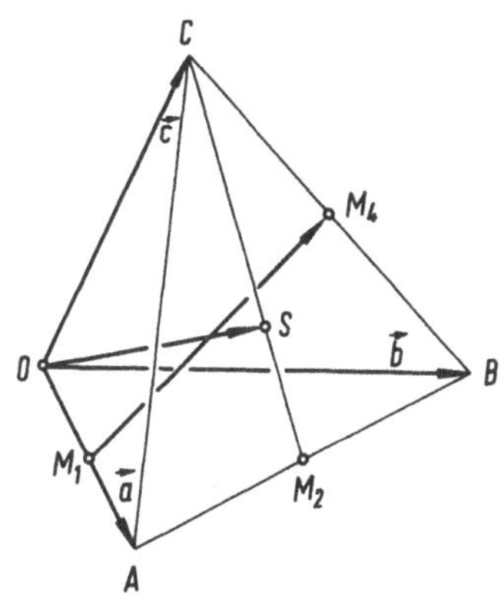

Bild 24

2. Im windschiefen oder ebenen Viereck OABC bilden die Seitenmitten
    PQRS ein Parallelogramm. Der Vektor $\overrightarrow{OM}$ zu seinem Mittelpunkt
    soll angegeben werden.

Wir beziehen die Punkte A, B, C auf die erzeugende Ecke O durch
die Vektoren $\overrightarrow{OA} = \vec{a}$, $\overrightarrow{OB} = \vec{b}$, $\overrightarrow{OC} = \vec{c}$ (Bild 25). Dann ist

$$\overrightarrow{OP} = \frac{\vec{a}}{2}; \quad \overrightarrow{OQ} = \frac{\vec{a}+\vec{b}}{2}; \quad \overrightarrow{OR} = \frac{\vec{b}+\vec{c}}{2}; \quad \overrightarrow{OS} = \frac{\vec{c}}{2}, \quad \text{und}$$

$$\overrightarrow{PQ} = \overrightarrow{PO} + \overrightarrow{OQ} = -\frac{\vec{a}}{2} + \frac{\vec{a}+\vec{b}}{2} = \frac{\vec{b}}{2}; \quad \overrightarrow{QR} = \overrightarrow{QO} + \overrightarrow{OR} = -\frac{\vec{a}+\vec{b}}{2} + \frac{\vec{b}+\vec{c}}{2} = \frac{\vec{c}-\vec{a}}{2};$$

$$\overrightarrow{RS} = \overrightarrow{RO} + \overrightarrow{OS} = -\frac{\vec{b}+\vec{c}}{2} + \frac{\vec{c}}{2} = -\frac{\vec{b}}{2}; \quad \overrightarrow{SP} = \overrightarrow{SO} + \overrightarrow{OP} = -\frac{\vec{c}}{2} + \frac{\vec{a}}{2} = -\frac{\vec{c}-\vec{a}}{2};$$

d.f. $\overrightarrow{RS} \uparrow\downarrow \overrightarrow{PQ}$ mit $|\overrightarrow{RS}| = |\overrightarrow{PQ}|$, entsprechend für $\overrightarrow{SP}$ und $\overrightarrow{QR}$.
Der Mittelpunkt M ist bestimmt durch

$$\overrightarrow{OM} = \overrightarrow{OP} + \frac{1}{2}\overrightarrow{PR} = \overrightarrow{OP} + \frac{1}{2}(\overrightarrow{PQ}+\overrightarrow{QR}) = \frac{\vec{a}}{2} + \frac{1}{2}\left(\frac{\vec{b}}{2} + \frac{\vec{c}-\vec{a}}{2}\right) = \frac{1}{4}(\vec{a}+\vec{b}+\vec{c}).$$

Anwendung auf Bild 24: OABC ist dort z.B. ein solches wind-
schiefes Viereck.

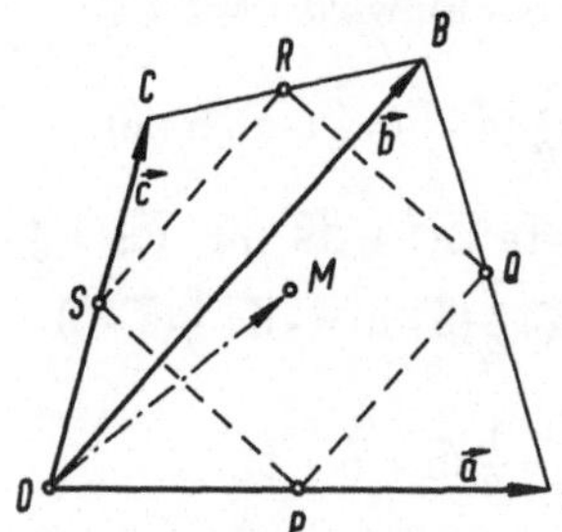

Bild 25

3. Die in Bild 23 konstruierte Gerade (g_3) ist parallel zu $\vec{a}$ und $\vec{b}$ und
    teilt $\overrightarrow{AB}$ im Verhältnis $\pm\, b:a$, je nachdem $\vec{b}\uparrow\uparrow\vec{a}$ oder $\vec{b}\uparrow\downarrow\vec{a}$ ist.

Im Dreieck APB lassen sich die Seitenvektoren mit Hilfe der
Grundvektoren $\vec{a}$ und $\vec{v}$ darstellen. Die Auswertung der Dreiecksbedingung (vgl. 2.2.12., Gl. (14')) führt dann auf numerische Beziehungen zwischen den auftretenden Koordinaten.

Es ist $\vec{a} = a\,\vec{a}^{\,0}$ und $\vec{b} = \pm\, b\,\vec{a}^{\,0}$ (für $\vec{b}\uparrow\uparrow\vec{a}$). Setzt man $\overrightarrow{AC} = m\,\vec{v}$
und $\overrightarrow{BC} = n\,(-\vec{v})$, so ist $|\overrightarrow{AC}| : |\overrightarrow{BC}| = |m| : |n|$. Nach dem ersten
Strahlensatz (Zweistrahl AP und AC) ist auf Grund dieses Ansatzes

$$\overrightarrow{AP} = m\,\vec{A} = m\,(\vec{a} + \vec{v}) = m\,(a\,\vec{a}^{\,0} + \vec{v}),$$

$$\overrightarrow{BP} = n\,\vec{B} = n\,(\pm\, b\,\vec{a}^{\,0} - \vec{v}).$$

Die Dreiecksbedingung $\overrightarrow{AP} + \overrightarrow{PB} + (\overrightarrow{BC} + \overrightarrow{CA}) = \vec{o}$ ergibt die
Gleichung

$$m(a\,\vec{a}^{\,0} + \vec{v}) - n\,(\pm\, b\,\vec{a}^{\,0} - \vec{v}) + (-n\,\vec{v} - m\,\vec{v}) = \vec{o}$$

oder

$$(ma \mp nb)\ \vec{a}^{o} = \vec{o}. \tag{17}$$

Wegen $\vec{a}^{o} \neq \vec{o}$ ist (17) nur sinnvoll, wenn $ma \mp nb = 0$, folglich

$$m : n = \pm\ (b : a)$$

ist.

4. Im Tetraeder OABC seien M_1 und M_4 die Mittelpunkte der Kanten $\overline{OA}$ und $\overline{BC}$, T der Schwerpunkt der Seitenfläche OAB (vgl. Bild 24). Dann schneiden sich $\overline{M_1M_4}$ und $\overline{CT}$ in einem Punkt P, der $\overline{M_1M_4}$ halbiert und $\overline{CT}$ im Verhältnis $3 : 1$ teilt.

Nach 2.4.1. ist $\overrightarrow{M_1M_4} = \frac{1}{2}(-\vec{a}+\vec{b}+\vec{c})$, und

$$\overrightarrow{CT} = \overrightarrow{CO} + \overrightarrow{OT} = -\vec{c} + \frac{2}{3}\cdot\overrightarrow{OM_2},$$

also

$$\overrightarrow{CT} = -\vec{c} + \frac{1}{3}(\vec{a}+\vec{b}).$$

Annahme: P existiert.

a) $P \in \overline{M_1M_4} \Rightarrow \overrightarrow{OP} = \overrightarrow{OM_1} + \overrightarrow{M_1P} = \frac{\vec{a}}{2} + m\cdot\overrightarrow{M_1M_4} = \frac{\vec{a}}{2} + \frac{m}{2}(-\vec{a}+\vec{b}+\vec{c}). \tag{18}$

b) $P \in \overline{CT} \Rightarrow \overrightarrow{OP} = \overrightarrow{OC} + \overrightarrow{CP} = \vec{c} + n\cdot\overrightarrow{CT} = \vec{c} + n(-\vec{c}+\frac{\vec{a}}{3}+\frac{\vec{b}}{3}). \tag{19}$

$$(18), (19) \Rightarrow \frac{1-m}{2}\,\vec{a} + \frac{m}{2}\vec{b} + \frac{m}{2}\,\vec{c} = \frac{n}{3}\,\vec{a} + \frac{n}{3}\,\vec{b} + (1-n)\,\vec{c}. \tag{20}$$

Der Koordinatenvergleich (vgl. 2.2.11.) an (20) führt auf das System der 3 Gleichungen

$$\left.\begin{array}{rcl} \dfrac{1-m}{2} &=& \dfrac{n}{3} \\[2ex] \dfrac{m}{2} &=& \dfrac{n}{3} \\[2ex] \dfrac{m}{2} &=& 1-n \end{array}\right\} \quad \text{oder} \quad \left\{\begin{array}{rcl} 3m + 2n &=& 3 \\[2ex] 3m - 2n &=& 0 \\[2ex] m + 2n &=& 2 \end{array}\right. \qquad \begin{array}{l} (20a) \\[2ex] (20b) \\[2ex] (20c) \end{array}$$

für die zwei Unbekannten m und n. Aus (20a) und (20b) folgt $m = \frac{1}{2}$, $n = \frac{3}{4}$. Das System (20) ist nur dann widerspruchsfrei, wenn das Zahlenpaar $m = \frac{1}{2}$, $n = \frac{3}{4}$ auch Lösung von (20c) ist.

Das ist hier der Fall. Somit ist nach (18)

$$\overrightarrow{OP} = \frac{\vec{a}}{2} + \frac{1}{2}\cdot\overrightarrow{M_1M_4} = \frac{\vec{a}}{4} + \frac{\vec{b}}{4} + \frac{\vec{c}}{4} \tag{18'}$$

und nach (19)

$$\overrightarrow{OP} = \vec{c} + \frac{3}{4}\cdot\overrightarrow{CT} = \frac{\vec{a}}{4} + \frac{\vec{b}}{4} + \frac{\vec{c}}{4}. \tag{19'}$$

Die Identität von (18') und (19') bestätigt die Annahme. (Ein Widerspruch im Gleichungssystem (20) hätte die obige Annahme widerlegt.)

Der zweite Teil der Behauptung folgt aus $\overrightarrow{M_1P} = m \cdot \overrightarrow{M_1M_4}$ mit $m = \frac{1}{2}$ und aus $\overrightarrow{CP} = n \cdot \overrightarrow{CT}$ mit $n = \frac{3}{4}$.

5. Die Ecken ABC eines Dreiecks werden von einem Punkt P aus projiziert. P sei so gewählt, daß keine zwei der drei Projektionsstrahlen zusammenfallen. Auf den Projektionsstrahlen werden nach Bild 26 die Ecken A'B'C' eines zweiten Dreiecks so angenommen, daß zwei entsprechende Dreiecksseiten nicht parallel sind. Dann schneiden sich die Paare entsprechender Dreiecksseiten in drei Punkten X, Y, Z, die auf einer Geraden liegen (Satz von Desargues).

Das Dreieck ABC wird festgelegt durch die Vektoren $\overrightarrow{PA} = \vec{a}$, $\overrightarrow{PB} = \vec{b}$, $\overrightarrow{PC} = \vec{c}$. Dann ist $\overrightarrow{PA'} = p\,\vec{a}$, $\overrightarrow{PB'} = q\,\vec{b}$, $\overrightarrow{PC'} = r\,\vec{c}$. X ist der Schnittpunkt der Geraden AB und A'B'.

$$X \in AB \Rightarrow \overrightarrow{PX} = \overrightarrow{PA} + \overrightarrow{AX} = \overrightarrow{PA} + u \cdot \overrightarrow{AB} = \vec{a} + u(\vec{b} - \vec{a}) \qquad (21)$$

$$X \in A'B' \Rightarrow \overrightarrow{PX} = \overrightarrow{PA'} + \overrightarrow{AX} = \overrightarrow{PA'} + u'\cdot \overrightarrow{A'B'} = p\,\vec{a} + u'(q\,\vec{b} - p\,\vec{a}). \qquad (21')$$

$$(21),\ (21') \Rightarrow \vec{a} + u(\vec{b} - \vec{a}) = p\,\vec{a} + u'(q\,\vec{b} - p\,\vec{a}) \quad \text{oder}$$

$$(1 - u - p + u'p)\,\vec{a} = (u'q - u)\,\vec{b}. \qquad (21'')$$

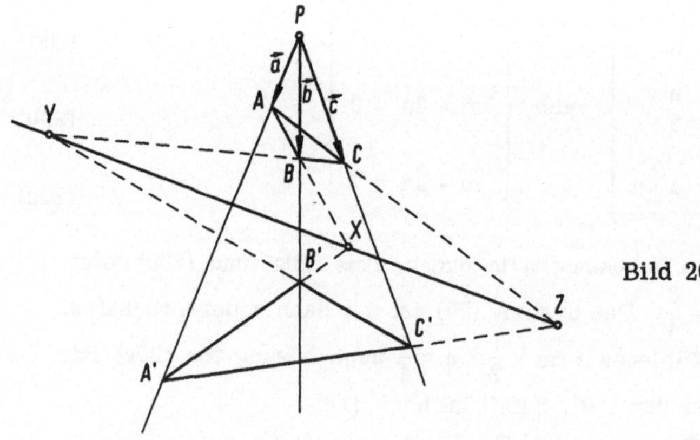

Bild 26

Da $\vec{a}$ und $\vec{b}$ nicht kollinear sind, kann (21'') nur gelten, wenn die Koordinaten von $\vec{a}$ und $\vec{b}$ beide Null sind:

$$\left.\begin{array}{l} u'p - u + (1 - p) = 0 \\ u'q - u \qquad\quad\ = 0. \end{array}\right\} \qquad \begin{array}{l}(22')\\(22'')\end{array}$$

Die Auflösung von (22') und (22") nach u' und u ergibt

$$u' = \frac{p - 1}{p - q}, \qquad u = \frac{q(p - 1)}{p - q} \quad .$$

(Wegen $\overrightarrow{AB} \nparallel \overrightarrow{A'B'}$ ist stets $p \neq q$.)

Soll $\overrightarrow{PY}$ berechnet werden, so liefert der entsprechende Ansatz Gleichungen von derselben äußeren Form, nur sind die Buchstabengruppen $\vec{a}$, $\vec{b}$, $\vec{c}$ und p, q, r so vertauscht, daß z.B. $\vec{b}$ statt $\vec{a}$, $\vec{c}$ statt $\vec{b}$, $\vec{a}$ statt $\vec{c}$ steht, usw. ("zyklische Vertauschung"). Man darf deshalb die bisherigen Ergebnisse mit zyklischer Vertauschung übernehmen und erhält so

$$\overrightarrow{PX} = \vec{a} + u(\vec{b} - \vec{a}) \quad \text{mit} \quad u = \frac{q(p - 1)}{p - q} \tag{23}$$

$$\overrightarrow{PY} = \vec{b} + v(\vec{c} - \vec{b}) \quad \text{mit} \quad v = \frac{r(q - 1)}{q - r} \tag{24}$$

$$\overrightarrow{PZ} = \vec{c} + w(\vec{a} - \vec{c}) \quad \text{mit} \quad w = \frac{p(r - 1)}{r - p} \quad . \tag{25}$$

Zum Nachweis, daß X, Y, Z auf einer Geraden liegen, hat man nur noch zu zeigen, daß z.B. $\overrightarrow{XY}$ und $\overrightarrow{YZ}$ parallel sind. Es ist

$$\overrightarrow{XY} = \overrightarrow{XP} + \overrightarrow{PY} = - \vec{a} - u(\vec{b} - \vec{a}) + \vec{b} + v(\vec{c} - \vec{b}) = (u - 1)\vec{a} - (v + u - 1)\vec{b} + v\vec{c}, \tag{26}$$

$$\overrightarrow{YZ} = \overrightarrow{YP} + \overrightarrow{PZ} = - \vec{b} - v(\vec{c} - \vec{b}) + \vec{c} + w(\vec{a} - \vec{c}) = w\vec{a} + (v-1)\vec{b} - (w + v - 1)\vec{c}. \tag{27}$$

Die in dieser allgemeinen Form etwas mühsame Ausrechnung der Koordinaten in (26) und (27) mit Hilfe von (23), (24) und (25) ergibt

$$u - 1 = \frac{p(q - 1)}{p - q} ; \quad v + u - 1 = - \frac{q(r - p)(q - 1)}{(q - r)(p - q)} ; \quad v = \frac{r(q - 1)}{q - r} ;$$

$$w = \frac{p(r - 1)}{r - p} ; \quad v - 1 = \frac{q(r - 1)}{q - r} ; \quad w + v - 1 = - \frac{r(p - q)(r - 1)}{(r - p)(q - r)} \quad .$$

$\overrightarrow{XY} \parallel \overrightarrow{YZ} \Rightarrow \overrightarrow{XY} = k \cdot \overrightarrow{YZ}$; es ist deshalb zu untersuchen, ob die Koordinaten in (26) und (27) proportional sind. Man findet

$$\frac{u - 1}{w} = \frac{-(v + u - 1)}{v - 1} = \frac{v}{-(w + v - 1)} = \frac{(r - p)(q - 1)}{(p - q)(r - 1)} = k, \qquad \text{w. z. b. w.}$$

A n m e r k u n g : Der wenig geübte Leser mag erst das Zahlenbeispiel nach Bild 26 durchrechnen. Dort ist $p = 5$; $q = 2$; $r = 2,5$. Die Ausrechnung ergibt $u = \frac{8}{3}$; $v = -5$; $w = -3$ und damit

$$\overrightarrow{XY} = \frac{5}{3}(\vec{a} + 2\vec{b} - 3\vec{c}); \quad \overrightarrow{YZ} = -3(\vec{a} + 2\vec{b} - 3\vec{c}).$$

Der obige Beweis gilt sowohl für eine räumliche Figur ($\vec{a}$, $\vec{b}$, $\vec{c}$ nicht komplanar) als auch für eine ebene Figur ($\vec{a}$, $\vec{b}$, $\vec{c}$ komplanar). Der Sonderfall dreier paralleler, nicht zusammenfallender Projektionsstrahlen (Parallelprojektion) wird mit entsprechendem Ansatz gelöst.

3. Das skalare Produkt

3.1. Erklärung des skalaren Produkts

Beim Rechnen mit natürlichen Zahlen kann die Multiplikation als wiederholte Addition derselben Grundzahl gedeutet werden. In der Vektorrechnung führt dies nur zu Vielfachen eines Vektors $\vec{a}$ (vgl. 2. 2. 7.), nicht aber zu einem Produkt aus zwei Vektoren.

Ein Produkt aus zwei Vektoren $\vec{a}$ und $\vec{b}$ muß eine von der Addition verschiedene Verknüpfung der Vektoren $\vec{a}$ und $\vec{b}$ sein, die einen Teil der Rechengesetze P von 1. 4. (insbesondere das bei Produkten im Zusammenwirken mit Summen stets geforderte distributive Gesetz) erfüllt. Eine solche Verknüpfung läßt sich aus dem Vorgang der senkrechten Projektion eines Vektors auf einen andern in folgender Weise entwickeln:

Es seien $\vec{a}$ und $\vec{b}$ zwei von $\vec{o}$ verschiedene Vektoren, und es sei $\vec{b}$ weder senkrecht noch parallel zu $\vec{a}$. Wir bilden nach Bild 27 die senkrechte Projektion $\vec{b}_{\vec{a}}$ (lies "senkrechte Projektion von $\vec{b}$ auf $\vec{a}$") des Vektors $\vec{b}$ auf den Vektor $\vec{a}$. $\vec{b}_{\vec{a}}$ ist durch $\vec{a}$ und $\vec{b}$ eindeutig bestimmt. Mit $\vec{b}_{\vec{a}}$ als "Produkt" aus $\vec{a}$ und $\vec{b}$ wäre nach Bild 29 die Distributivität gesichert, aber diese Verknüpfung ist nicht kommutativ; nach Bild 28 sind $\vec{b}_{\vec{a}}$ und $\vec{a}_{\vec{b}}$ sowohl nach Richtung als nach Betrag verschieden.

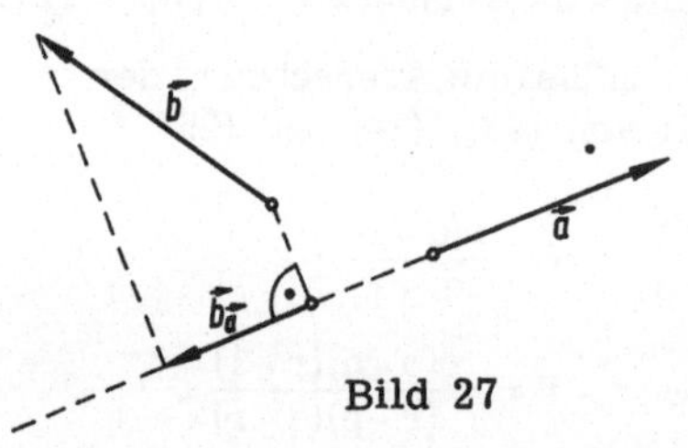

Bild 27

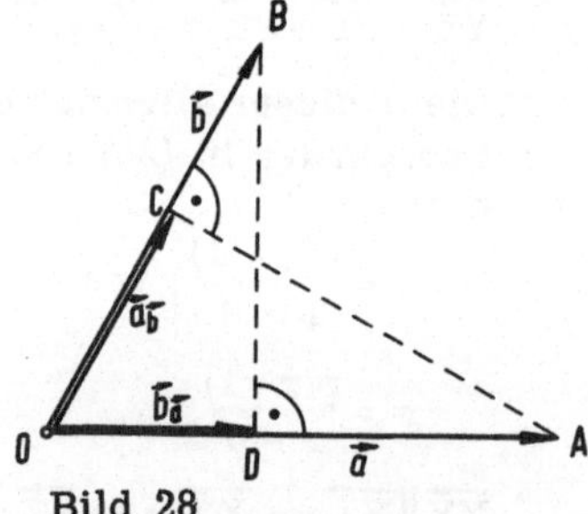

Bild 28

Wir untersuchen die Beträge dieser Vektoren: Aus der Ähnlichkeit der Dreiecke OAC und OBD in Bild 28 (Übereinstimmung in den Winkeln) folgt

$$\left|\vec{a}_{\vec{b}}\right| : \left|\vec{b}_{\vec{a}}\right| = \left|\vec{a}\right| : \left|\vec{b}\right| \quad \text{oder} \quad \left|\vec{a}\right| \cdot \left|\vec{b}_{\vec{a}}\right| = \left|\vec{b}\right| \cdot \left|\vec{a}_{\vec{b}}\right|. \tag{1}$$

In (1) sind $\vec{a}$ und $\vec{b}$ vertauschbar. Diese Produktbildung ist deshalb kommutativ. Sie ist für den Fall $\vec{a}_{\vec{c}} \,\|\, \vec{b}_{\vec{c}} \,\|\, \vec{c}$ auch distributiv; nach Bild 29 gilt nämlich $\left|(\vec{a} + \vec{b})_{\vec{c}}\right| = \left|\vec{a}_{\vec{c}}\right| + \left|\vec{b}_{\vec{c}}\right|$ und somit

$$\left|(\vec{a} + \vec{b})_{\vec{c}}\right| \cdot \left|\vec{c}\right| = \left|\vec{a}_{\vec{c}}\right| \cdot \left|\vec{c}\right| + \left|\vec{b}_{\vec{c}}\right| \cdot \left|\vec{c}\right|. \tag{2}$$

Ist $\sphericalangle(\vec{a}, \vec{b})$ der Winkel, den die Vektoren $\vec{a}$ und $\vec{b}$ einschließen, so ist
$|\vec{b}_{\vec{a}}| = |\vec{b}| \cdot |\cos(\vec{a}, \vec{b})|$ und $|\vec{a}_{\vec{b}}| = |\vec{a}| \cdot |\cos(\vec{a}, \vec{b})|$.

Linke und rechte Seite von (1) stellen damit die Zahl $|\vec{a}| \cdot |\vec{b}| \cdot |\cos(\vec{a}, \vec{b})|$ dar. Wir verallgemeinern dies zu der für beliebige Vektoren $\vec{a}$ und $\vec{b}$ gültigen

Definition 3.1

    Das skalare Produkt $\vec{a} \cdot \vec{b}$ (sprich "$\vec{a}$ Punkt $\vec{b}$") der von $\vec{o}$ verschiedenen Vektoren $\vec{a}$ und $\vec{b}$ ist die Zahl $\vec{a} \cdot \vec{b} = |\vec{a}| \cdot |\vec{b}| \cdot \cos(\vec{a}, \vec{b})$. Ferner sei $\vec{a} \cdot \vec{o} = \vec{o} \cdot \vec{a} = 0$.

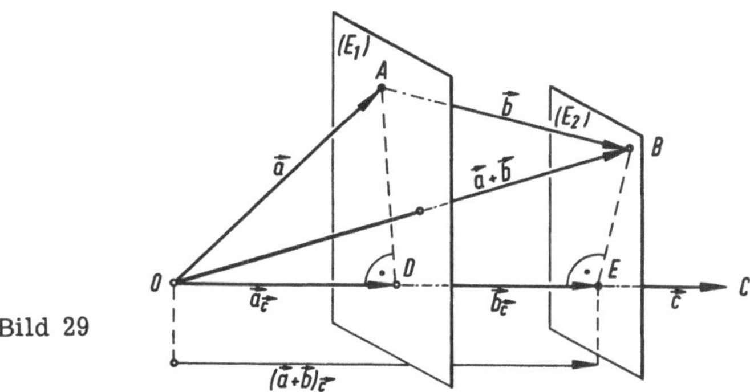

Bild 29

Für das skalare Produkt werden in der Literatur gelegentlich die gleichbedeutenden Bezeichnungen "Punktprodukt" oder "inneres Produkt" gebraucht; statt $\vec{a} \cdot \vec{b}$ wird oft $\vec{a}\vec{b}$ oder $(\vec{a}\vec{b})$ geschrieben.

Durch Definition 3.1. wird auch den bisher nicht untersuchten Sonderfällen $\vec{b} = \vec{o}$, $\vec{b} \| \vec{a}$, $\vec{b} \perp \vec{a}$ ein skalares Produkt $\vec{a} \cdot \vec{b}$ zugeordnet. Sind $\vec{a}$ und $\vec{b}$ beide von $\vec{o}$ verschieden, so wird $\vec{a} \cdot \vec{b} \gtreqless 0$, je nachdem $\sphericalangle(\vec{a}, \vec{b}) \lesseqgtr 90^\circ$ ist. Nach (1) ist $|\vec{a} \cdot \vec{b}|$ das Produkt des Betrags von $\vec{a}$ mit dem Betrag der senkrechten Projektion $\vec{b}_{\vec{a}}$ von $\vec{b}$ auf $\vec{a}$; das Vorzeichen + oder - von $\vec{a} \cdot \vec{b}$ gibt an, ob $\vec{b}_{\vec{a}} \uparrow\uparrow \vec{a}$ oder $\vec{b}_{\vec{a}} \uparrow\downarrow \vec{a}$ ist (Bild 28 und 27). Auf diesem engen Zusammenhang mit dem geometrischen Vorgang des senkrechten Projizierens beruhen die außerordentlich vielseitigen Anwendungen des skalaren Produkts in der Geometrie und Physik.

3.2. Eigenschaften des skalaren Produkts

3.2.1. Ausführbarkeit und Eindeutigkeit

Nach Definition 3.1. sind P I und P II in 1.4. erfüllt.

3.2.2. Das assoziative Gesetz

$(\vec{a}\,\vec{b})\cdot\vec{c}$ ist ein Vielfaches des Vektors $\vec{c}$; $\vec{a}\cdot(\vec{b}\,\vec{c}) = (\vec{b}\,\vec{c})\cdot\vec{a}$ ist ein Vielfaches des Vektors $\vec{a}$. Sind $\vec{a}$ und $\vec{b}$ linear unabhängig, so ist $(\vec{a}\,\vec{b})\cdot\vec{c} \neq \vec{a}\cdot(\vec{b}\,\vec{c})$. Außerdem wird das Zeichen $\cdot$ in diesen Ausdrücken für verschiedene Multiplikationsarten benützt (skalares Produkt bzw. Vielfaches eines Vektors). P III in 1.4. ist im allgemeinen Fall nicht erfüllt. Auch eine "assoziative Form" (vgl. Schlußbemerkung in 2.2.7.) liegt nicht vor. Die Menge der freien Vektoren bildet deshalb bezüglich der Verknüpfung durch skalare Multiplikation keine Gruppe (vgl. dazu 2.2.5.).

Rechenpraxis: Klammern bei skalaren Produkten dürfen im allgemeinen nicht verändert werden.

3.2.3. Das kommutative Gesetz

Die Vektoren $\vec{a}$ und $\vec{b}$ erzeugen nach Bild 30 die beiden Winkel $(\vec{a},\,\vec{b}) = \alpha$ und $(\vec{b},\,\vec{a}) = 360^{\circ} - (\vec{a},\,\vec{b}) = 360^{\circ} - \alpha$. Wegen $\cos\alpha = \cos(360^{\circ} - \alpha)$ und $|\vec{a}|\cdot|\vec{b}| = |\vec{b}|\cdot|\vec{a}|$ ist nach Definition 3.1. stets $\vec{a}\cdot\vec{b} = \vec{b}\cdot\vec{a}$. P IV in 1.4. ist erfüllt.

Rechenpraxis: Von den beiden möglichen Winkeln zweier Vektoren $\vec{a}$ und $\vec{b}$ (Bild 30) wird i.a. nur $\sphericalangle(\vec{a},\,\vec{b}) \leqq 180^{\circ}$ gewählt.

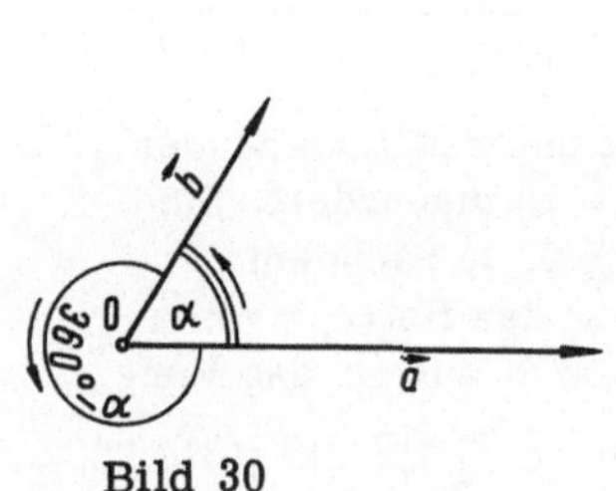

Bild 30

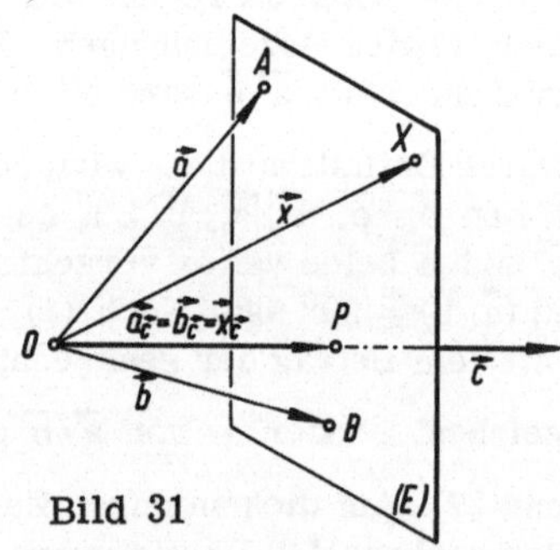

Bild 31

3.2.4. Gleichheits- und Ungleichheitsbeziehungen

Mit $\vec{a} = \vec{b}$ ist $|\vec{a}| = |\vec{b}|$ und $\sphericalangle(\vec{a},\,\vec{c}) = \sphericalangle(\vec{b},\,\vec{c})$; d.f. $\vec{a}\,\vec{c} = \vec{b}\,\vec{c}$. Der erste Teil von P V' in 1.4. gilt, nicht aber der zweite Teil: Wir wählen die Vektoren $\overrightarrow{OA} = \vec{a}$ und $\overrightarrow{OB} = \vec{b}$ so aus, daß A und B in einer Ebene (E) senkrecht zu $\vec{c}$ liegen (Bild 31). Dann ist $\vec{a}_{\vec{c}} = \vec{b}_{\vec{c}}$, folglich auch $|\vec{c}|\cdot|\vec{a}_{\vec{c}}| = |\vec{c}|\cdot|\vec{b}_{\vec{c}}|$, d.h. $\vec{c}\,\vec{a} = \vec{c}\,\vec{b}$, obwohl $\vec{a} \neq \vec{b}$ ist.

3.2.5. Vielfache von skalaren Produkten

Nach Definition 3.1 ist

$$m\,(\vec{a}\,\vec{b}) = m \cdot |\vec{a}| \cdot |\vec{b}| \cos(\vec{a},\,\vec{b})$$
$$(m\,\vec{a})\,\vec{b} = |m\,\vec{a}| \cdot |\vec{b}| \cdot \cos(m\,\vec{a},\,\vec{b}) = |m| \cdot |\vec{a}| \cdot |\vec{b}| \cdot \cos(m\,\vec{a},\,\vec{b})$$
$$\vec{a}\,(m\,\vec{b}) = |\vec{a}| \cdot |m\,\vec{b}| \cdot \cos(\vec{a},\,m\,\vec{b}) = |m| \cdot |\vec{a}| \cdot |\vec{b}| \cdot \cos(\vec{a},\,m\,\vec{b}).$$

Für $m > 0$ ist $\sphericalangle(\vec{a},\,\vec{b}) = \sphericalangle(\vec{a},\,m\,\vec{b}) = \sphericalangle(m\,\vec{a},\,\vec{b})$. Die rechten Seiten der obigen Gleichungen stimmen überein. Für $m = 0$ ist die Übereinstimmung trivial. Für $m < 0$ ist $\sphericalangle(\vec{a},\,\vec{b}) = 180^0 - \sphericalangle(\vec{a},\,m\,\vec{b}) = 180^0 - \sphericalangle(m\,\vec{a},\,\vec{b})$, folglich $\cos(\vec{a},\,\vec{b}) = -\cos(\vec{a},\,m\,\vec{b}) = -\cos(m\,\vec{a},\,\vec{b})$. Beim Übergang von $m > 0$ zu $m < 0$ tritt auf der rechten Seite der obigen Gleichungen je ein Zeichenwechsel ein. Deshalb gilt allgemein

$$m\,(\vec{a}\,\vec{b}) = (m\,\vec{a})\,\vec{b} = \vec{a}\,(m\,\vec{b}). \tag{3}$$

Aus (3) folgt: Vielfache von skalaren Produkten haben eine assoziative Form (vgl. Schlußbemerkung in 2.2.7.).

Rechenpraxis: Zahlenfaktoren dürfen bei skalaren Produkten an den Anfang gesetzt werden und umgekehrt.

3.2.6. Die senkrechte Projektion $\vec{a}_{\vec{v}}$

Nach Bild 32 ist die senkrechte Projektion $\vec{a}_{\vec{v}}$ des Vektors $\vec{a}$ auf den Vektor $\vec{v}$ unabhängig davon, ob $\vec{a}$ auf $\vec{v}$, auf $\vec{v}^0$ oder auf $m\,\vec{v}$ (mit $m \neq 0$) projiziert wird. Wählen wir $\vec{v}^0$ als Projektionsträger, so ist

$$\left|\vec{a}_{\vec{v}}\right| = |\vec{a}| \cdot \left|\cos(\vec{a},\,\vec{v}^0)\right|.$$

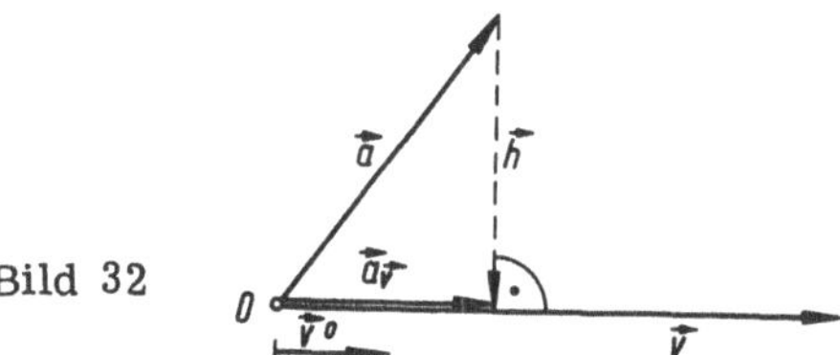

Bild 32

Für $\sphericalangle(\vec{a},\,\vec{v}^0) < 90^0$ (bzw. $> 90^0$), also $\cos(\vec{a},\,\vec{v}^0) > 0$ (bzw. < 0) wird $\vec{a}_{\vec{v}} \uparrow\uparrow \vec{v}^0$ (bzw. $\uparrow\downarrow \vec{v}^0$) und läßt sich darstellen in der Form

$$\vec{a}_{\vec{v}} = (\pm)\left|\vec{a}_{\vec{v}}\right| \cdot \vec{v}^0 = (|\vec{a}| \cdot \cos(\vec{a},\,\vec{v}^0)) \cdot \vec{v}^0. \tag{4}$$

Nach Definition 3.1. ist $\vec{a}\,\vec{v}^0 = |\vec{a}| \cdot \cos(\vec{a},\,\vec{v}^0)$. Aus (4) folgt damit

$$\vec{a}_{\vec{v}} = (\vec{a}\,\vec{v}^0) \cdot \vec{v}^0. \tag{5'}$$

Ersetzt man in (5') $\vec{v}^0$ durch $\dfrac{\vec{v}}{|\vec{v}|}$, so geht (5') über in die "Projektions-

formel" zur senkrechten Projektion des Vektors $\vec{a}$ auf den Vektor $\vec{v}$:

$$\vec{a}_{\vec{v}} = \frac{\vec{a}\,\vec{v}}{|\vec{v}|^2} \cdot \vec{v}\,. \tag{5}$$

Anmerkung: Ein weiterer Beweis für diese wichtige Formel wird
in 3.2.11.2. gegeben.

3.2.7. Das distributive Gesetz

Nach Bild 28 und Bild 33 gilt für beliebige Lage der Vektoren $\vec{a}$, $\vec{b}$, $\vec{c}$
stets

$$(\vec{a} + \vec{b})_{\vec{c}} = \vec{a}_{\vec{c}} + \vec{b}_{\vec{c}}\,. \tag{6'}$$

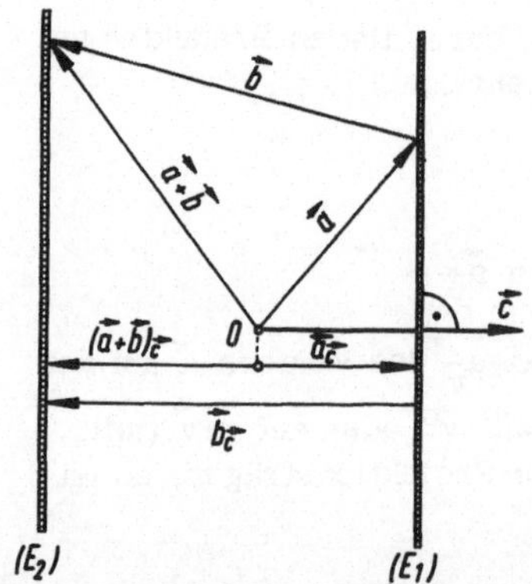

Bild 33

Nach 3.2.6., Gl. (5) läßt sich dies schreiben als

$$((\vec{a} + \vec{b})\,\vec{c}^{\,0}) \cdot \vec{c}^{\,0} = (\vec{a}\,\vec{c}^{\,0}) \cdot \vec{c}^{\,0} + (\vec{b}\,\vec{c}^{\,0}) \cdot \vec{c}^{\,0}$$

und daraus folgt

$$(\vec{a} + \vec{b})\,\vec{c}^{\,0} = \vec{a}\,\vec{c}^{\,0} + \vec{b}\,\vec{c}^{\,0}\,. \tag{6''}$$

Wir multiplizieren die linke und die rechte Seite von (6'') mit $|\vec{c}|$. Wegen
$|\vec{c}| \cdot \vec{c}^{\,0} = \vec{c}$ folgt aus (6'') dann

$$(\vec{a} + \vec{b})\,\vec{c} = \vec{a}\,\vec{c} + \vec{b}\,\vec{c}\,. \tag{6}$$

Das ist das distributive Gesetz P VI von 1.4.

Rechenpraxis: Bei skalarer Multiplikation von Summen dürfen
Klammern "ausmultipliziert" und umgekehrt aus einer Summe von
skalaren Produkten gleiche Faktoren "ausgeklammert" werden.

3.2.8. Winkel zweier Vektoren

Die Gleichung $\vec{a}\vec{b} = |\vec{a}| \cdot |\vec{b}| \cdot \cos(\vec{a}, \vec{b})$ (vgl. Definition 3.1) ergibt, nach $\cos(\vec{a}, \vec{b})$ aufgelöst,

$$\cos(\vec{a}, \vec{b}) = \frac{\vec{a}\vec{b}}{|\vec{a}||\vec{b}|} \tag{7}$$

Wählt man $\sphericalangle(\vec{a}, \vec{b}) \le 180^\circ$ (vgl. 3.2.3, Rechenpraxis), so ist $\sphericalangle(\vec{a}, \vec{b})$ durch (7) eindeutig bestimmt. Geht man zu Einheitsvektoren über, so folgt aus (7) speziell

$$\cos(\vec{a}^0, \vec{b}^0) = \vec{a}^0 \vec{b}^0 . \tag{7'}$$

Das skalare Produkt $\vec{a}\vec{b}$ enthält in Vektorschreibweise die zwei Faktoren $\vec{a}$ und $\vec{b}$, in skalarer Schreibweise die drei Faktoren a, b und $\cos(\vec{a}, \vec{b})$. Es wird deshalb zu Null für $\vec{a} = \vec{o}$ oder $\vec{b} = \vec{o}$, aber auch für $\cos(\vec{a}, \vec{b}) = 0$, d.h. für $\sphericalangle(\vec{a}, \vec{b}) = 90^\circ$. Dies führt zur

Orthogonalitätsbedingung:
    Ist $\vec{a} \neq \vec{o}$ und $\vec{b} \neq \vec{o}$, so folgt aus $\vec{a}\vec{b} = 0$ stets $\vec{a} \perp \vec{b}$ und umgekehrt.

3.2.9. Das Quadrat eines Vektors

Das skalare Produkt des Vektors $\vec{a}$ mit sich selber ergibt

$$\vec{a} \cdot \vec{a} = |\vec{a}| \cdot |\vec{a}| \cdot \cos 0^\circ = |\vec{a}|^2 = a^2 .$$

Man schreibt kurz dafür

$$\vec{a}^2 = a^2 . \tag{8}$$

    Rechenpraxis: (8) wird benützt, wenn der Betrag eines Vektors berechnet werden soll, der seinerseits als Summe seiner Komponenten nach einer Basis von Grundvektoren (vgl. 2.2.10) dargestellt ist.

3.2.10. Die Divisionsfrage

Nach 1.4., Forderung Q, ist zu untersuchen, ob man die Gleichung $\vec{a}\vec{x} = k$ (bei beliebig gegebenem $\vec{a} \neq \vec{o}$ und k reell) eindeutig nach $\vec{x}$ auflösen kann.

Die Lösungsmenge $M = \left\{\vec{x} / \vec{a}\vec{x} = k\right\}$ ist nicht leer; ein Element $\vec{x} \in M$ ist der zu $\vec{a}$ parallele Vektor $\vec{x}' = \frac{k}{|\vec{a}|} \cdot \vec{a}^0$. M enthält aber noch beliebig viele andere Lösungen: Legt man wie in Bild 31 durch den Endpunkt P von $\vec{x}'$ die Ebene (E) senkrecht zu $\vec{c}$, so ergeben alle Repräsentanten $\overrightarrow{OX} = \vec{x}$, deren Pfeilspitzen in (E) liegen, nach 3.2.4. dasselbe skalare Produkt

$$\vec{a}\,\vec{x}' = \vec{a}\,\vec{x} = k.$$

Ein sinnvoller Quotient muß eindeutig erklärt sein; es gibt deshalb keine "skalare Division".

> Rechenpraxis: Bei Brüchen dürfen Vektoren wohl im Zähler, nicht aber im Nenner auftreten. Ein Kürzen oder Erweitern mit Vektoren gibt es nicht.

3.2.11. Beispiele zur Anwendung der Rechenregeln

1. Beweise mit Hilfe der Rechengesetze 1.4. die Richtigkeit der Gleichung $(-\vec{a})\,\vec{b} = -(\vec{a}\,\vec{b})$.

   Nach 2.2.2., Gl. (3') ist $(-\vec{a})$ die Lösung $\vec{x}$ der Gleichung $\vec{a} + \vec{x} = \vec{o}$. Mit SV', 1. Teil wird dann

   $$(\vec{a} + \vec{x})\,\vec{b} = \vec{o}\,\vec{b}. \tag{9}$$

   Nach Definition 3.1. ist $\vec{o}\,\vec{b} = 0$ und nach P VI $(\vec{a} + \vec{x})\,\vec{b} = \vec{a}\,\vec{b} + \vec{x}\,\vec{b}$. Aus (9) folgt damit

   $$\vec{a}\,\vec{b} + \vec{x}\,\vec{b} = 0\,.$$

   Nach D ist
   $$\vec{x}\,\vec{b} = 0 - (\vec{a}\,\vec{b}) = - (\vec{a}\,\vec{b}),$$
   somit

   $$(-\vec{a})\,\vec{b} = - (\vec{a}\,\vec{b}).$$

2. Die Projektionsformel 3.2.6, Gl. (5) soll mit Hilfe der Dreiecksbedingung (vgl. 2.2.12, Gl. (14')) bewiesen werden.

   Wird nach Bild 32 $\vec{a}$ senkrecht auf $\vec{v}$ projiziert, so bildet der projizierende Vektor $\vec{h}$ mit $\vec{a}$ und $\vec{a}_v$ zusammen ein rechtwinkliges Dreieck. Es ist dann

   $$\vec{a} + \vec{h} - \vec{a}_v = \vec{o}. \tag{10}$$

   Wegen $\vec{a}_v \parallel \vec{v}$ ist

   $$\vec{a}_v = m \cdot \vec{v}. \tag{11}$$

   (10) und (11) skalar mit $\vec{v}$ multipliziert ergibt

   $$\vec{a}\,\vec{v} + \vec{h}\,\vec{v} - \vec{a}_v\,\vec{v} = 0 \tag{12}$$

   und

   $$\vec{a}_v\,\vec{v} = m \cdot \vec{v}^2. \tag{13}$$

Wegen $\vec{h} \perp \vec{v}$ ist $\vec{h}\vec{v} = 0$. Aus (12) und (13) folgt $\vec{a}\vec{v} - m\vec{v}^2 = 0$, also $m = \dfrac{\vec{a}\vec{v}}{\vec{v}^2}$. Nach (11) ist dann

$$\vec{a}_{\vec{v}} = \frac{\vec{a}\,\vec{v}}{\vec{v}^2} \cdot \vec{v}\,.$$

3. Der Höhenvektor $\vec{h}_{OA}$ und der Flächeninhalt $A_{\square}$ des Parallelogramms $(O; \vec{a}, \vec{b})$ sollen in Vektorschreibweise angegeben werden.

Nach Bild 34 ist $\vec{h} = -\vec{b} + \vec{b}_{\vec{a}}$, also nach 3.2.6., Gl. (5)

$$\vec{h} = \frac{\vec{a}\,\vec{b}}{\vec{a}^2} \cdot \vec{a} - \vec{b}\,. \qquad (14)$$

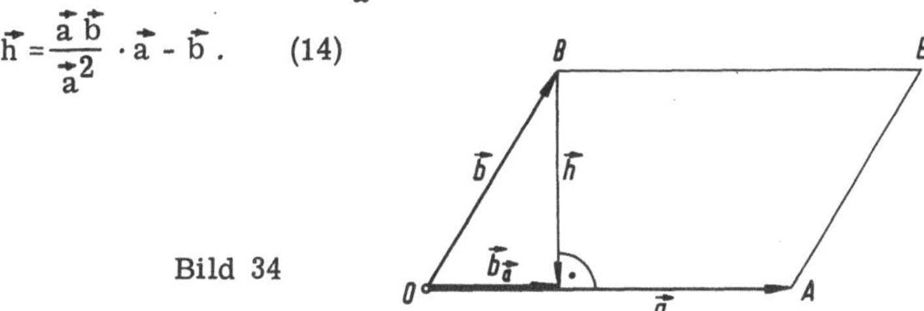

Bild 34

Nun ist $A_{\square} = |\vec{a}| \cdot |\vec{h}|$. Um die Beträge zu beseitigen, gehen wir zum Quadrat über (vgl. 3.2.9.):

$$A_{\square}^2 = \vec{a}^2 \cdot \vec{h}^2\,.$$

Mit $\left(\dfrac{\vec{a}\,\vec{b}}{\vec{a}^2} \cdot \vec{a}\right)^2 = \dfrac{(\vec{a}\,\vec{b})^2}{(\vec{a}^2)^2} \cdot \vec{a}^2 = \dfrac{(\vec{a}\,\vec{b})^2}{\vec{a}^2}$ wird

$$A_{\square}^2 = \vec{a}^2 \cdot \left\{ \frac{(\vec{a}\,\vec{b})^2}{\vec{a}^2} - 2\frac{(\vec{a}\,\vec{b})^2}{\vec{a}^2} + \vec{b}^2 \right\}$$

oder

$$A_{\square}^2 = \vec{a}^2\vec{b}^2 - (\vec{a}\,\vec{b})^2\,. \qquad (15)$$

Rechenpraxis: Bei Umformungen obiger Art ist streng zu unterscheiden zwischen skalaren Faktoren (Zahlen) und Vektoren. Ein Bruch darf mit skalaren Faktoren und damit auch mit skalaren Produkten bzw. Quadraten von Vektoren erweitert oder gekürzt werden, mit einem Vektor dagegen nicht. Ferner ist für $\vec{b} \nparallel \vec{a}$ stets $|\vec{a}| \cdot |\vec{b}| \neq |\vec{a}\,\vec{b}|$ und damit auch $\vec{a}^2\vec{b}^2 \neq (\vec{a}\,\vec{b})^2$.

3.3. Aufgaben

1. Wie ändert sich das Produkt $\vec{a}\vec{b}$, wenn bei gleichbleibenden Beträgen $|\vec{a}|$ und $|\vec{b}|$ der Winkel $(\vec{a}, \vec{b})$ von 0° bis 180° vergrößert wird? Wann erreicht $\vec{a}\vec{b}$ seinen größten bzw. kleinsten Wert?

2. Zeige an einer Figur, daß Gleichung (3) in 3.2.5. für $m \gtreqless 0$ gilt.

3. Beweise, daß $(\vec{a}\,\vec{b})^2 \leqq \vec{a}^2\vec{b}^2$ ist. Für welchen Sonderfall gilt das Gleichheitszeichen?

4. Wie läßt sich der bei der senkrechten Projektion von $\vec{a}$ auf $\vec{v}$ auftretende Vektor $\vec{h}$ darstellen (vgl. Bild 32)? Weise rechnerisch nach, daß $\vec{h} \perp \vec{v}$ ist.

5. Beweise durch schrittweise Anwendung der Rechengesetze 1.4. die Richtigkeit der Gleichung
$$(\vec{a} + \vec{b})\,(\vec{c} + \vec{d}) = \vec{a}\,\vec{c} + \vec{a}\,\vec{d} + \vec{b}\,\vec{c} + \vec{b}\,\vec{d}\,.$$

   Forme mit Hilfe dieser Gleichung um
   a) $(\vec{a} + \vec{b})^2$,   b) $(\vec{a} - \vec{b})^2$,   c) $(\vec{a} + \vec{b})\,(\vec{a} - \vec{b})$.

6. Beweise durch schrittweise Anwendung der Rechenregeln (und evtl. der Ergebnisse vorangegangener Beispiele und Aufgaben)
   a) $(-\vec{a})(-\vec{b}) = \vec{a}\,\vec{b}$,   b) $(\vec{a} + \vec{b})(-\vec{c}) = -(\vec{a}\,\vec{c}) - (\vec{b}\,\vec{c})$.

7. Welche kürzere Fassung erhält die Orthogonalitätsbedingung in 3.2.8, wenn man zusätzlich definiert: "Der Nullvektor $\vec{o}$ ist senkrecht zu jedem anderen Vektor"?

3.4. Beispiele zum praktischen Rechnen

1. An der Gleichung $(\vec{a} + \vec{b})(\vec{a} - \vec{b}) = \vec{a}^2 - \vec{b}^2$ soll veranschaulicht werden, wie sich durch geometrische Deutung von Vektorgleichungen Sätze aus der Elementargeometrie gewinnen bzw. bestätigen lassen.

   Die Vektoren $(\vec{a} + \vec{b})$ und $(\vec{a} - \vec{b})$ werden nach Bild 35 als Haupt- und Nebendiagonalen im Parallelogramm $(O;\ \vec{a},\ \vec{b})$ gedeutet. $\vec{a}^2 = |\vec{a}|^2$ und $\vec{b}^2 = |\vec{b}|^2$ sind die Flächeninhalte der Quadrate über $\overline{OA}$ bzw. $\overline{OB}$.

   a) $\vec{a}$ und $\vec{b}$ beliebig, aber $|\vec{a}| > |\vec{b}|$.
   Nach der geometrischen Erklärung des skalaren Produkts in 3.1. läßt sich der Inhalt der obigen Gleichung so aussprechen: Im Parallelogramm ist das Rechteck aus der Diagonalen $\vec{d}$ und der senkrechten Projektion $\vec{e_d}$ der Diagonalen $\vec{e}$ auf $\vec{d}$ flächengleich mit der Differenz der Quadrate über den Seiten.

   b) $|\vec{a}| = |\vec{b}|$ (gleiche Seitenlängen $\Rightarrow$ Raute).
   Es wird $\vec{a}^2 - \vec{b}^2 = 0$, also auch $(\vec{a} + \vec{b})(\vec{a} - \vec{b}) = 0$. Für $\vec{a} + \vec{b} \neq \vec{o}$, $\vec{a} - \vec{b} \neq \vec{o}$ folgt daraus $(\vec{a} + \vec{b}) \perp (\vec{a} - \vec{b})$:
   Die Diagonalen einer Raute stehen senkrecht aufeinander.

34

c) $(\vec{a} + \vec{b}) \perp (\vec{a} - \vec{b})$ (Parallelogramm mit senkrechten Diagonalen).
   Jetzt ist $(\vec{a} + \vec{b})(\vec{a} - \vec{b}) = 0$, folglich $\vec{a}^2 - \vec{b}^2 = 0$ oder $|\vec{a}| = |\vec{b}|$:
   Besitzt ein Parallelogramm senkrechte Diagonalen, so sind
   seine Seiten gleich lang (Raute).

d) $|\vec{a} + \vec{b}| = |\vec{a} - \vec{b}|$ (Parallelogramm mit gleichlangen Diagonalen).
   Es wird $(\vec{a} + \vec{b})^2 = (\vec{a} - \vec{b})^2$; d. f. $4(\vec{a}\vec{b}) = 0$, somit $\vec{a}\vec{b} = 0$,
   folglich $\vec{a} \perp \vec{b}$:
   Sind die Diagonalen eines Parallelogramms gleich lang, so
   stehen die Seiten senkrecht aufeinander (Rechteck).

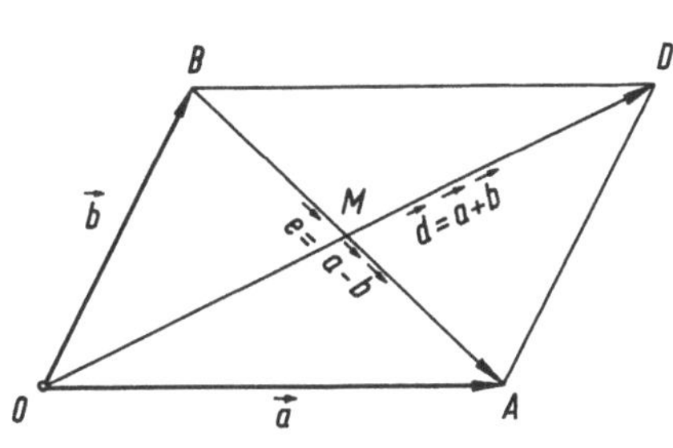

Bild 35

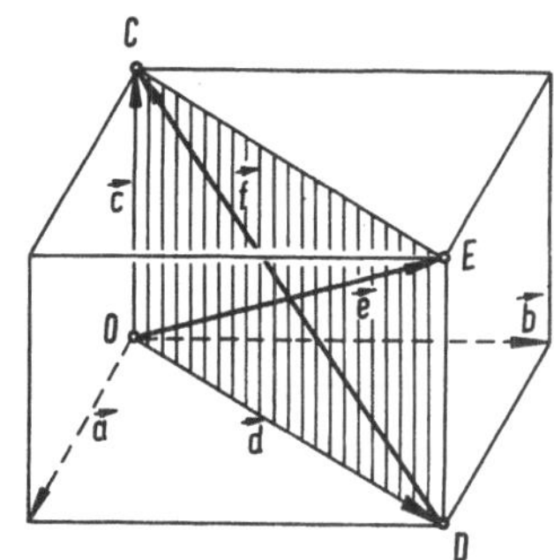

Bild 36

2. Der Spat $(O; \vec{a}, \vec{b}, \vec{c})$ wird mit der durch $\overrightarrow{OC} = \vec{c}$ gehenden Diagonalebene geschnitten. Berechne auf Rechenstabgenauigkeit die Seiten, Diagonalen, Winkel und den Flächeninhalt des Schnittparallelogramms für das Zahlenbeispiel

$$|\vec{a}| = 8; \ |\vec{b}| = 4; \ |\vec{c}| = 3; \ \sphericalangle(\vec{a}, \vec{b}) = 60^\circ; \ \sphericalangle(\vec{b}, \vec{c}) = 135^\circ; \ \sphericalangle(\vec{c}, \vec{a}) = 120^\circ.$$

Das Schnittparallelogramm hat nach Bild 36 die Seiten $\vec{d} = \vec{a} + \vec{b}$ und $\vec{c}$; die Diagonalen sind $\vec{e} = \vec{d} + \vec{c} = \vec{a} + \vec{b} + \vec{c}$ und $\vec{f} = -\vec{d} + \vec{c} = -\vec{a} - \vec{b} + \vec{c}$.

a) Die skalaren Produkte der Grundvektoren.
   Da beim numerischen Rechnen beständig mit den Quadraten und
   den skalaren Produkten der Grundvektoren $\vec{a}, \vec{b}, \vec{c}$ gearbeitet
   wird, stellen wir diese Produkte zu Beginn der Lösung zusammen:

$$\vec{a}^2 = 64; \ \vec{b}^2 = 16; \ \vec{c}^2 = 9;$$

$$(\vec{a}\vec{b}) = ab \cdot \cos 60^\circ = 8 \cdot 4 \cdot \frac{1}{2} = 16;$$

$$(\vec{b}\vec{c}) = bc \cdot \cos 135^\circ = -6 \cdot \sqrt{2};$$

$$(\vec{c}\vec{a}) = ca \cdot \cos 120^\circ = -12.$$

b) Längenberechnung (vgl. 3.2.9.).

$\vec{d}^2 = (\vec{a}+\vec{b})^2 = \vec{a}^2 + 2\,\vec{a}\vec{b} + \vec{b}^2 = 64 + 2\cdot 16 + 16 = 112;$

$d = \sqrt{112} \approx 10,58;\quad c = 3 \text{ (nach Aufgabe)};$

$\vec{e}^2 = (\vec{a}+\vec{b}+\vec{c})^2 = \vec{a}^2 + 2\vec{a}\vec{b} + \vec{b}^2 + 2\vec{b}\vec{c} + \vec{c}^2 + 2\vec{c}\vec{a} = 97 - 12\cdot\sqrt{2};$

$e \approx 8,95;$

$\vec{f}^2 = (-\vec{a}-\vec{b}+\vec{c})^2 = \vec{a}^2 + 2\vec{a}\vec{b} + \vec{b}^2 - 2\vec{b}\vec{c} + \vec{c}^2 - 2\vec{c}\vec{a} = 149 + 12\cdot\sqrt{2};$

$f \approx 12,73;$

c) Winkelberechnung (vgl. 3.2.8.).

$$\cos(\vec{d},\vec{c}) = \frac{\vec{d}\vec{c}}{dc} = \frac{(\vec{a}+\vec{b})\vec{c}}{dc} = \frac{\vec{a}\vec{c}+\vec{b}\vec{c}}{dc} = \frac{-12-6\sqrt{2}}{\sqrt{112}\cdot 3} \approx -0,645;$$

$$\sphericalangle(\vec{d},\vec{c}) \approx 130,2^{\circ};$$

$$\cos(\vec{d},\vec{e}) = \frac{\vec{d}\vec{e}}{de} = \frac{(\vec{a}+\vec{b})(\vec{a}+\vec{b}+\vec{c})}{de} = \frac{\vec{a}^2 + 2\vec{a}\vec{b} + \vec{a}\vec{c} + \vec{b}^2 + \vec{b}\vec{c}}{de} \approx 0,967;$$

$$\sphericalangle(\vec{d},\vec{e}) \approx 14,8^{\circ};$$

$$\cos(\vec{d},\vec{f}) = \frac{\vec{d}\vec{f}}{df} = \frac{(\vec{a}+\vec{b})(-\vec{a}-\vec{b}+\vec{c})}{df} = \frac{-\vec{a}^2 - 2\vec{a}\vec{b} + \vec{a}\vec{c} - \vec{b}^2 + \vec{b}\vec{c}}{df} \approx -0,984;$$

$$\sphericalangle(\vec{d},\vec{f}) \approx 169,8^{\circ}.$$

Anmerkung: Bei der in Bild 36 gewählten Orientierung der Vektoren ist $\sphericalangle(\vec{d},\vec{f})$ der bei D gelegene Außenwinkel des Dreiecks ODF; $\sphericalangle$ ODF selber ist dann $180^{\circ} - \sphericalangle(\vec{d},\vec{f}) \approx 10,2^{\circ}$.

d) Flächenberechnung (vgl. 3.2.11.3)

Nach 3.2.11, Gl. (15) ist

$$A_{\square}^2 = \vec{d}^2\vec{c}^2 - (\vec{d}\,\vec{c})^2.$$

Mit den Ergebnissen von a) und b) wird

$$A_{\square}^2 = 112\cdot 9 - (-12-6\cdot\sqrt{2})^2 = 792 - 144\cdot\sqrt{2};\quad A_{\square} \approx 24,26.$$

3. Beim regelmäßigen Tetraeder steht die Verbindungslinie der Mitten zweier gegenüberliegender Kanten senkrecht auf diesen Kanten.

Das Tetraeder sei nach Bild 24 bezeichnet und orientiert. Beim regelmäßigen Tetraeder ist speziell

$$|\vec{a}| = |\vec{b}| = |\vec{c}| = s \quad \text{und} \quad (\vec{a}\vec{b}) = (\vec{b}\vec{c}) = (\vec{c}\vec{a}) = s\cdot s\cdot \cos 60^{\circ} = \frac{s^2}{2}.$$

Dann wird z.B.

$$\overrightarrow{M_1M_4} = \tfrac{1}{2}(\vec{b}+\vec{c}-\vec{a}); \quad \overrightarrow{OA} = \vec{a}; \quad \overrightarrow{BC} = -\vec{b}+\vec{c} \quad \text{(vgl. 2.4.1.), somit}$$

$$\overrightarrow{M_1M_4} \cdot \overrightarrow{OA} = \tfrac{1}{2}(\vec{b}+\vec{c}-\vec{a})\,\vec{a} = \tfrac{1}{2}(\vec{b}\vec{a}+\vec{c}\vec{a}-\vec{a}^2) = \tfrac{1}{2}\left(\frac{s^2}{2}+\frac{s^2}{2}-s^2\right) = 0, \quad \text{und}$$

$$\overrightarrow{M_1M_4} \cdot \overrightarrow{BC} = \tfrac{1}{2}(\vec{b}+\vec{c}-\vec{a})(-\vec{b}+\vec{c}) = \tfrac{1}{2}(-\vec{b}^2+\vec{c}^2+\vec{a}\vec{b}-\vec{a}\vec{c}) = 0.$$

Daraus folgt $\overrightarrow{M_1M_4} \perp \overrightarrow{OA}$ und $\overrightarrow{M_1M_4} \perp \overrightarrow{BC}$. Da beim regelmäßigen Tetraeder jede Ecke als erzeugende Ecke O gewählt werden kann, stehen auch $\overrightarrow{M_2M_5}$ und $\overrightarrow{M_3M_6}$ senkrecht auf den entsprechenden Kanten. Man erhält damit den für die Untersuchung der Tetraederdrehungen wichtigen

> Satz: Wird das regelmäßige Tetraeder um die Achse $\overrightarrow{M_1M_4}$ ($\overrightarrow{M_2M_5}$; $\overrightarrow{M_3M_6}$) mit dem Winkel 180° gedreht, so geht es in sich über.

4. Ein Lichtstrahl $\vec{v}$ wird durch ein System von drei paarweise aufeinander senkrechten Ebenen (E_1), (E_2), (E_3) reflektiert. Welche Richtung hat der zurückgeworfene Strahl?

a) Die Reflexion an einer Ebene.

Die Stellung der Ebene (E) im Raum wird festgelegt durch einen "Normalvektor" $\vec{n} \perp$ (E). $\vec{n}$ gibt die Richtung des Einfallslots an. Bei der Reflexion liegen einfallender Strahl, Normalvektor und reflektierter Strahl in einer Ebene. Ist $\vec{u}$ ein Vektor in Richtung des einfallenden Strahls, $\vec{u}_1$ der betragsgleiche Vektor in Richtung des reflektierten Strahls, so gilt nach Bild 37

$$\overrightarrow{RO} = \vec{u}_{\vec{n}} = \frac{\vec{u}\,\vec{n}}{\vec{n}^2} \cdot \vec{n} \quad (\text{vgl. } 3.2.6.)$$

$$\overrightarrow{PR} = \overrightarrow{PO} + \overrightarrow{OR} = \vec{u} - \frac{\vec{u}\,\vec{n}}{\vec{n}^2} \cdot \vec{n} = \overrightarrow{RQ}, \quad \text{somit}$$

$$\vec{u}_1 = \overrightarrow{OQ} = \overrightarrow{OR} + \overrightarrow{RQ} = \vec{u} - 2\,\frac{\vec{u}\,\vec{n}}{\vec{n}^2} \cdot \vec{n} . \quad (16)$$

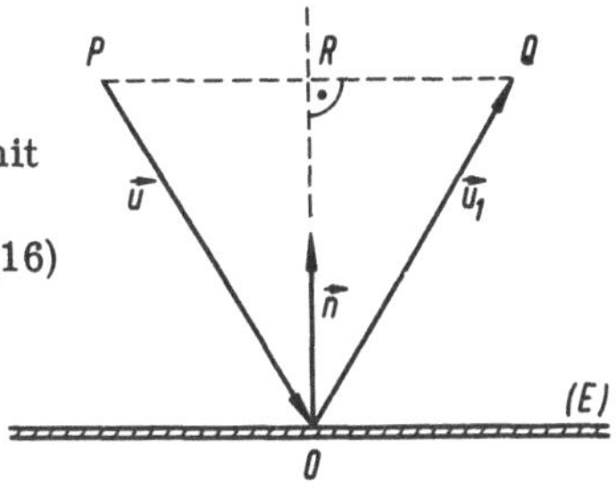

Bild 37

b) Reflexion an drei paarweise senkrechten Ebenen.

Mit den drei Ebenen (E_1), (E_2), (E_3) stehen auch die drei Normalvektoren $\vec{a}$, $\vec{b}$, $\vec{c}$ paarweise aufeinander senkrecht. Es ist daher $\vec{a}\,\vec{b} = \vec{b}\,\vec{c} = \vec{c}\,\vec{a} = 0$.

1. Reflexion: $\displaystyle \vec{v}_1 = \vec{v} - 2\,\frac{\vec{a}\,\vec{v}}{\vec{a}^2} \cdot \vec{a} .$ (17)

2. Reflexion: $\displaystyle v_2 = v_1 - 2\,\frac{\vec{b}\,\vec{v}_1}{\vec{b}^2} \cdot \vec{b} .$ (18)

Wegen $\displaystyle \vec{b}\,\vec{v}_1 = \vec{b}\,\vec{v} - 2\,\frac{\vec{a}\,\vec{v}}{\vec{a}^2} \cdot (\vec{a}\,\vec{b})$ und $\vec{a}\,\vec{b} = 0$ wird $\vec{b}\,\vec{v}_1 = \vec{b}\,\vec{v}$.

Mit $\vec{b}\,\vec{v}_1 = \vec{b}\,\vec{v}$ folgt aus (18) und (17)

$$\vec{v}_2 = \vec{v} - 2\,\frac{\vec{a}\,\vec{v}}{\vec{a}^2} \cdot \vec{a} - 2\,\frac{\vec{b}\,\vec{v}}{\vec{b}^2} \cdot \vec{b} . \quad (19)$$

3. Reflexion: $\vec{v}_3 = \vec{v}_2 - 2\,\dfrac{\vec{c}\,\vec{v}}{\vec{c}^2}\cdot\vec{c}$. $\hspace{3cm}$ (20)

Wegen $\vec{c}\,\vec{v}_2 = \vec{c}\,\vec{v}$ folgt aus (20) und (19)

$$\vec{v}_3 = \vec{v} - 2\left(\frac{\vec{a}\,\vec{v}}{\vec{a}^2}\cdot\vec{a} + \frac{\vec{b}\,\vec{v}}{\vec{b}^2}\cdot\vec{b} + \frac{\vec{c}\,\vec{v}}{\vec{c}^2}\cdot\vec{c}\right). \hspace{2cm} (21)$$

In der Klammer stehen die drei Projektionen $\vec{v}_{\vec{a}}$, $\vec{v}_{\vec{b}}$ und $\vec{v}_{\vec{c}}$.

Bild 38 zeigt, daß sich $\vec{v}$ nach den paarweise senkrechten Grundvektoren $\vec{a}$, $\vec{b}$, $\vec{c}$ zerlegen läßt in der Form $\vec{v} = \vec{v}_{\vec{a}} + \vec{v}_{\vec{b}} + \vec{v}_{\vec{c}}$.

Die Klammer stellt deshalb den Vektor $\vec{v}$ dar, und aus (21) folgt

$$\vec{v}_3 = -\,\vec{v}. \hspace{2cm} (22)$$

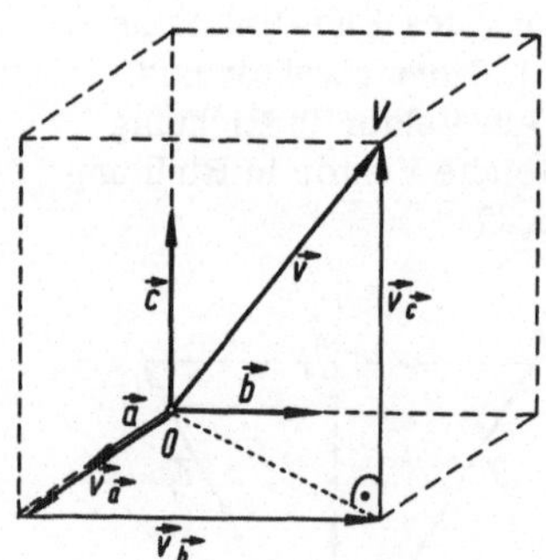

Bild 38

Der zuletzt reflektierte Strahl ist nach (22) parallel, aber entgegengesetzt gerichtet wie der zuerst einfallende Strahl. Auf dieser Eigenschaft beruht das Prinzip des Rückstrahlers, bei dem in die strahlende Fläche eine Reihe von kleinen Dreikanten mit paarweise senkrechten Seitenflächen eingedrückt sind.

4. Das Vektorprodukt

4.1. Plangrößen und Vektoren

Ein ebenes Flächenstück im Raum, das von einer geschlossenen, mit
einem Umlaufsinn versehenen und sich nirgends überkreuzenden Randkurve
begrenzt wird, kann geometrisch durch folgende Bestimmungsstücke beschrieben werden:
a) Betrag (Flächeninhalt)
b) Stellung im Raum ("Richtung" der Ebene des Flächenstücks)
c) Umlaufsinn der Randkurve (Fläche "zur Linken" oder "zur Rechten")
d) Geometrische Gestalt (Kreis, Parallelogramm, Vieleck, usw.).

Bild 39 zeigt als Beispiel ein sich drehendes Rad auf seiner Achse, dessen
Umlaufrichtung durch einen Drehpfeil angezeigt wird.

Der Vergleich der vier Bestimmungsstücke eines Flächenstücks mit den
drei Bestimmungsstücken eines Vektors zeigt, daß sich entsprechen:

    Inhalt des Flächenstücks - Betrag des Vektors
    Stellung des Flächenstücks - Richtung des Vektors
    Umlaufsinn der Randkurve - Richtungssinn des Vektors.

Nur für die Gestalt des Flächenstücks ist keine Vergleichsgröße vorhanden.
Da bei vielen Anwendungen die genaue Gestalt eines Flächenstücks, sowie
der Ansatzpunkt im Raum unwesentlich sind, sollen in diesem Zusammen-
hang alle Flächenstücke, die in den obigen drei Stücken übereinstimmen,
als gleichwertig (äquivalent) betrachtet werden (Bild 40).

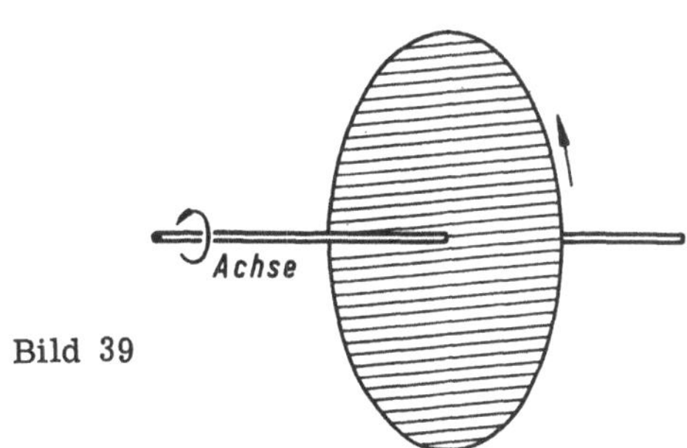

Bild 39

Definition 4.1.1
    Die Gesamtheit aller ebenen Flächenstücke, mit geschlossener, sich
    nicht überkreuzender Randkurve, die in den drei Bestimmungsstücken
    Flächeninhalt, Stellung im Raum und Umlaufsinn übereinstimmen,
    heißt eine Plangröße. (Bezeichnung: A, B, Γ, D, E, Φ,...).

Alle zur selben Plangröße Φ gehörenden Flächenstücke sind äquivalente
Darstellungen dieser Plangröße (vgl. Bild 40). Zur geometrischen Ver-
anschaulichung einer Plangröße darf man deshalb jedes beliebige ihrer
Flächenstücke als Repräsentant herausgreifen.

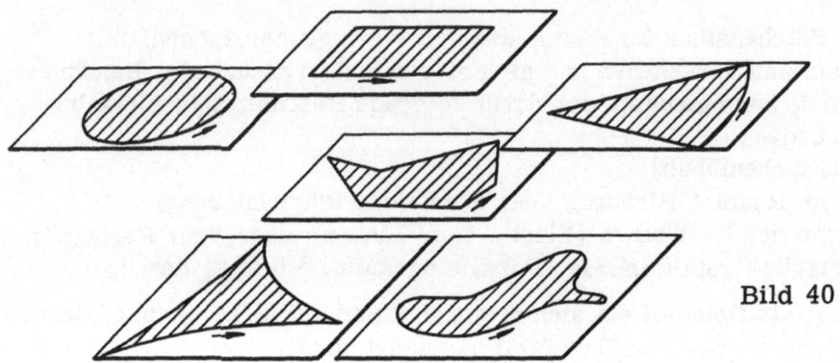

Bild 40

Zwischen den Bestimmungsstücken einer Plangröße und denen eines
Vektors wird nun die folgende, umkehrbar   eindeutige Zuordnung her-
gestellt:

1. Die Stellung des repräsentierenden Flächenstücks im Raum wird fest-
    gelegt durch die Richtung einer Geraden (g) senkrecht zur Ebene des
    Flächenstücks (vgl. Bild 39).
2. Der Inhalt des Flächenstücks wird durch eine Strecke auf dieser
    Geraden wiedergegeben, deren Länge gleich oder proportional der
    Maßzahl des Flächeninhalts ist.
3. Dem Umlaufsinn des Flächenstücks wird ein Richtungssinn auf der
    Strecke zugeordnet und zwar so, daß von der Spitze des Richtungs-
    pfeils aus gesehen die Fläche beim Umlauf um die Randkurve zur Lin-
    ken liegt (Bild 41).

Durch diese Festsetzung ist jeder Plangröße Φ umkehrbar eindeutig ein
Vektor $\vec{A}$ zugeordnet, der die Eigenschaften der Plangröße wiedergibt.
$\vec{A}$ heißt der "Flächenvektor" oder "Ergänzungsvektor" der Plangröße.
Zwei Plangrößen sollen genau dann gleich heißen, wenn ihre Flächenvektoren gleich sind.

Die einfachste geometrische Darstellung erfährt eine Plangröße, wenn
ein Parallelogramm mit den Seitenvektoren $\vec{a}$ und $\vec{b}$ als Repräsentant
ausgewählt wird (Bild 42). Die Ebene $E(\vec{a}, \vec{b})$ bestimmt die Stellung des
Parallelogramms im Raum, die Reihenfolge der Vektoren $\vec{a}$ und $\vec{b}$ seinen
Umlaufsinn. Da der Betrag der Höhe des Parallelogramms durch

$$\left| \vec{h}_{(a)} \right| = \left| \vec{b} \right| \cdot \sin(\vec{a}, \vec{b})$$

dargestellt wird, ist sein Flächeninhalt gegeben durch

$$A = \left| \vec{a} \right| \cdot \left| \vec{b} \right| \cdot \sin(\vec{a}, \vec{b}).$$

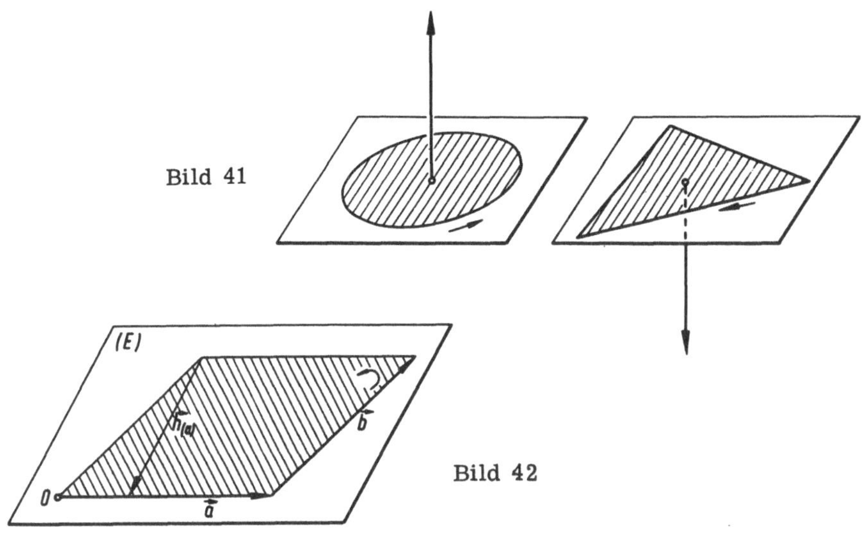

Bild 41

Bild 42

Der zugehörige Flächenvektor $\vec{c}$ läßt sich darstellen in der Form

$$\vec{c} = (\,|\vec{a}|\cdot|\vec{b}|\cdot\ \sin(\vec{a},\,\vec{b}))\cdot\vec{c}^{\,0}\,,$$

wobei $\vec{c}^{\,0}$ ein Einheitsvektor senkrecht zur Ebene $(\vec{a},\,\vec{b})$ ist mit solcher Orientierung, daß von der Spitze von $\vec{c}^{\,0}$ aus gesehen die Parallelogrammfläche beim Umlauf zur Linken liegt (Bild 43). Die Vektoren $\vec{a}$, $\vec{b}$, $\vec{c}$ bilden dann in dieser Reihenfolge ein "Rechtssystem". ($\vec{c}$ kann nach der "Dreifingerregel der rechten Hand" auf folgende Art nach Richtung und Orientierung bestimmt werden: Der Daumen zeigt in Richtung $\vec{a}$, der Zeigefinger in Richtung $\vec{b}$; dann gibt der senkrecht zur Ebene $(\vec{a},\,\vec{b})$ abgespreizte Mittelfinger die Richtung und Orientierung von $\vec{c}$ an). Der Vektor $\vec{c}$ heißt das "vektorielle Produkt" oder kurz das "Vektorprodukt" aus $\vec{a}$ und $\vec{b}$.

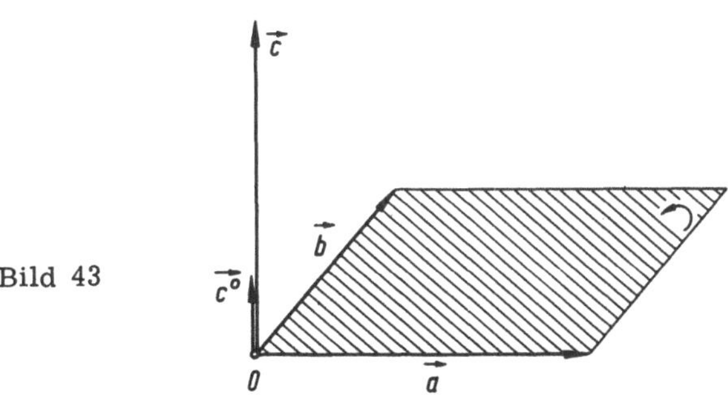

Bild 43

Definition 4.1.2

Unter dem Vektorprodukt $\vec{c} = \vec{a} \times \vec{b}$ (sprich: "$\vec{a}$ Kreuz $\vec{b}$") der
linear unabhängigen Vektoren $\vec{a}$ und $\vec{b}$ versteht man den Vektor $\vec{c}$
mit folgenden Eigenschaften:

1. $\vec{c}$ steht senkrecht zur Ebene $(\vec{a}, \vec{b})$;
2. es ist $|\vec{c}| = |\vec{a}| \cdot |\vec{b}| \cdot \sin(\vec{a}, \vec{b})$;
3. $\vec{c}$ ist so orientiert, daß die Dreivektorfigur $\vec{a}$, $\vec{b}$, $\vec{c}$ bei der
   Drehung, die $\vec{a}$ auf dem kürzesten Weg in der Ebene $(\vec{a}, \vec{b})$ in
   die Richtung $\uparrow\uparrow \vec{b}$ überführt, eine Rechtsschraube bildet.

Ferner sei $\vec{a} \times \vec{o} = \vec{o} \times \vec{a} = \vec{o}$ und $\vec{a} \times \vec{b} = \vec{o}$, falls $\vec{a} \| \vec{b}$ ist, im Sonderfall
also $\vec{a} \times \vec{a} = \vec{o}$.

Der Betrag des Vektorprodukts $\vec{c} = \vec{a} \times \vec{b}$ gibt den Flächeninhalt des Parallelogramms $(\vec{a}, \vec{b})$ wieder, die Richtung des Vektorprodukts bestimmt
eine Senkrechte zur Ebene $(\vec{a}, \vec{b})$. Der Richtungssinn von $\vec{c}$ legt für das
Parallelogramm noch einen Umlaufsinn fest.

Weitere in der Literatur gelegentlich gebrauchte Bezeichnungen für das
Vektorprodukt sind "äußeres Produkt" und "Kreuzprodukt".

4.2. Eigenschaften des Vektorprodukts

4.2.1. Ausführbarkeit und Eindeutigkeit

Nach Definition 4.1.2 ist das Vektorprodukt für zwei beliebige Vektoren
$\vec{a}$ und $\vec{b}$ stets erklärt und eindeutig. P I und P II in 1.4. sind erfüllt.

4.2.2. Das assoziative Gesetz

Es seien $\vec{a}$ und $\vec{b}$ zwei nicht parallele und nicht senkrechte Vektoren mit
dem Vektorprodukt $\vec{c} = \vec{a} \times \vec{b}$. Der Vektor $\vec{d} = \vec{b} \times \vec{c}$ liegt (als Vektor $\perp \vec{c}$)
in der Ebene $E(\vec{a}, \vec{b})$ und ist $\nparallel \vec{a}$ (Bild 44). Das Produkt $\vec{a} \times \vec{d} = \vec{a} \times (\vec{b} \times \vec{c})$
ist dann ein nicht verschwindender Vektor $\| \vec{c}$. Das Produkt $(\vec{a} \times \vec{b}) \times \vec{c}$
dagegen verschwindet wegen $\vec{a} \times \vec{b} = \vec{c}$ nach Definition 4.1.2. Daher ist
im allgemeinen $\vec{a} \times (\vec{b} \times \vec{c}) \neq (\vec{a} \times \vec{b}) \times \vec{c}$. Das Vektorprodukt ist nicht assoziativ, P III in 1.4 ist nicht erfüllt. Die Menge der freien Vektoren bildet
bezüglich der Verknüpfung durch vektorielle Multiplikation keine Gruppe.

Rechenpraxis: Klammern bei Vektorprodukten dürfen im allgemeinen
nicht verändert werden.

4.2.3. Das kommutative Gesetz

Nach Bild 45 haben die Vektoren $\vec{c} = \vec{a} \times \vec{b}$ und $\vec{c}\,' = \vec{b} \times \vec{a}$ gleichen Betrag
und gleiche Richtung, aber entgegengesetzten Richtungssinn: $\vec{c}\,' = -\vec{c}$.
An die Stelle des kommutativen Gesetzes P IV tritt das "alternative
Gesetz" P IV':

$$\vec{b} \times \vec{a} = - (\vec{a} \times \vec{b}). \tag{1}$$

Rechenpraxis: In einem Vektorprodukt dürfen die Faktoren nur dann
vertauscht werden, wenn man gleichzeitig das Vorzeichen wechselt.

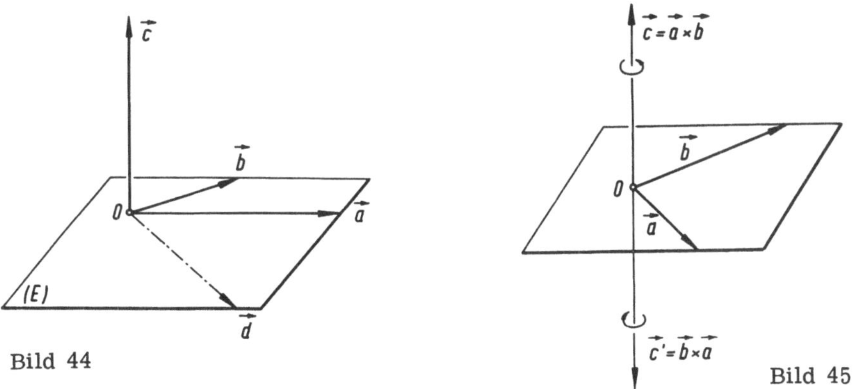

Bild 44   Bild 45

4.2.4. Gleichheits- und Ungleichheitsbeziehungen

Aus $\vec{a} = \vec{b}$ folgt nach der Erklärung des Vektorprodukts $\vec{a} \times \vec{c} = \vec{b} \times \vec{c}$. Der
erste Teil von P V' in 4.1 ist erfüllt. Dagegen ist nicht immer $\vec{a} \times \vec{c} \neq \vec{b} \times \vec{c}$
für $\vec{a} \neq \vec{b}$. Wählt man nach Bild 46 den Repräsentanten von $\vec{b}$ in der Ebene
$(O;\ \vec{a},\ \vec{c})$ so, daß seine Pfeilspitze auf der Parallelen zu $\vec{c}$ durch die
Spitze von $\vec{a}$ liegt, so ist $\square\,(O;\ \vec{a},\ \vec{c})$ flächengleich mit $\square\,(O;\ \vec{b},\ \vec{c})$.
Da auch der Richtungssinn der Flächenvektoren übereinstimmt, ist
$\vec{a} \times \vec{c} = \vec{b} \times \vec{c}$, obwohl $\vec{a} \neq \vec{b}$ ist.

4.2.5. Vielfache von Vektorprodukten

Wird einer der beiden Vektoren $\vec{a}$ bzw. $\vec{b}$ mit m vervielfacht, so hat die
Fläche von $\square\,(m\,\vec{a},\ \vec{b})$ bzw. $\square\,(\vec{a},\ m\,\vec{b})$ den m = fachen Betrag der
Fläche von $\square\,(\vec{a},\ \vec{b})$. Da eine Umkehrung des Richtungssinnes bei einem
der beiden Faktoren auch den Richtungssinn des Produktvektors umkehrt,
gilt allgemein für jede Zahl $m \gtrless 0$

$$m\,(\vec{a} \times \vec{b}) = (m\,\vec{a}) \times \vec{b} = \vec{a} \times (m\,\vec{b}). \tag{2}$$

Vielfache von Vektorprodukten haben eine assoziative Form (vgl. Schlußbemerkung in 2. 2. 7).

Rechenpraxis: Zahlenfaktoren dürfen auch bei Vektorprodukten an
den Anfang gesetzt werden und umgekehrt.

4.2.6. Parallele Vektoren

Nach Definition 4.1.2 ist $\vec{a} \times \vec{b} = \vec{o}$ für $\vec{b} \| \vec{a}$. Ist umgekehrt $\vec{a} \times \vec{b} = \vec{o}$ für
$\vec{a} \neq \vec{o}$ und $\vec{b} \neq \vec{o}$, so folgt daraus $\vec{a} \| \vec{b}$ (Parallelitätsbedingung).

4.2.7. Das distributive Gesetz

Zum Beweis dieses Gesetzes benützen wir folgenden

Hilfssatz: Es sei $\vec{c} \perp \vec{v}$. Der Vektor $\vec{x} = \vec{c} \times \vec{v}$ liegt in der Ebene
(E) $\perp \vec{c}$ und geht aus $\vec{v}$ durch eine Drehstreckung in dieser Ebene
um 90° mit dem Streckungsverhältnis $|\vec{c}| : 1$ hervor (Bild 47).

Dieser Satz folgt unmittelbar aus Definition 4.1.2.

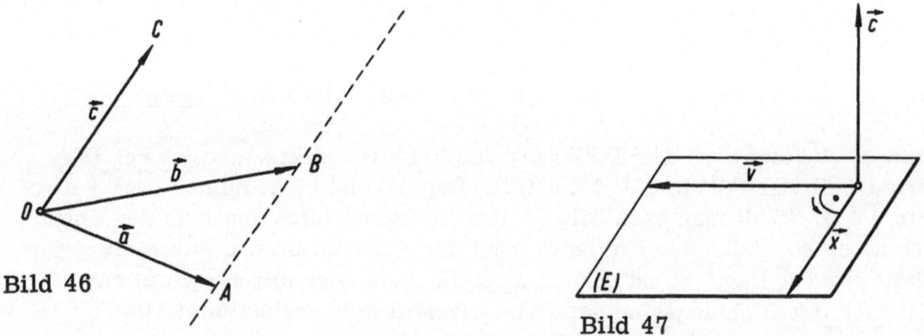

Bild 46

Bild 47

a) Die nichtkomplanaren Vektoren $\vec{a}$, $\vec{b}$, $\vec{c}$ seien nach Bild 48 zum Prisma angeordnet. Die Ebene (E) $\perp \vec{c}$ schneidet dieses Prisma nach dem
Dreieck $(\vec{a}', \vec{b}', \vec{a}' + \vec{b}')$. Parallelogramm $(\vec{c}, \vec{a})$ und Rechteck $(\vec{c}, \vec{a}')$
sind flächengleich und liegen in einer Ebene; dasselbe gilt für $\square$ $(\vec{c}, \vec{b})$
und $\square$ $(\vec{c}, \vec{b}')$, sowie für $\square$ $(\vec{c}, \vec{a} + \vec{b})$ und $\square$ $(\vec{c}, \vec{a}' + \vec{b}')$. Damit ist

$$\left. \begin{array}{c} \vec{c} \times \vec{a} = \vec{c} \times \vec{a}' \\ \vec{c} \times \vec{b} = \vec{c} \times \vec{b}' \\ \vec{c} \times (\vec{a} + \vec{b}) = \vec{c} \times (\vec{a}' + \vec{b}') \end{array} \right\} \qquad (3)$$

Die Vektoren $\vec{a}'$, $\vec{b}'$ und $\vec{a}'+\vec{b}'$ stehen je $\perp \vec{c}$, also gilt für die Produkte $\vec{c}\times\vec{a}'$, $\vec{c}\times\vec{b}'$, $\vec{c}\times(\vec{a}'+\vec{b}')$ der obige Hilfssatz. Da alle drei Produktvektoren durch Drehung um denselben Winkel und Streckung im selben Verhältnis aus $\vec{a}'$, $\vec{b}'$ und $\vec{a}'+\vec{b}'$ entstanden sind, lassen sie sich wieder zu einem mit $(\vec{a}'$, $\vec{b}'$, $\vec{a}'+\vec{b}')$ ähnlichen, entsprechend orientierten Dreieck zusammensetzen; deshalb ist

$$\vec{c}\times(\vec{a}'+\vec{b}') = (\vec{c}\times\vec{a}') + (\vec{c}\times\vec{b}'). \tag{4}$$

Mit (3) folgt daraus

$$\vec{c}\times(\vec{a}+\vec{b}) = (\vec{c}\times\vec{a}) + (\vec{c}\times\vec{b}). \tag{5}$$

Multipliziert man (5) mit (-1) und wendet man das alternative Gesetz an (vgl. 4.2.3), so wird

$$(\vec{a}+\vec{b})\times\vec{c} = (\vec{a}\times\vec{c}) + (\vec{b}\times\vec{c}). \tag{6}$$

b) Die Vektoren $\vec{a}$, $\vec{b}$, $\vec{c}$ seien komplanar. Bild 48 wird umgedeutet zur ebenen Figur des Bildes 49. An Stelle von (E) tritt eine Gerade (g) $\perp \vec{c}$. (3) gilt unverändert. Der Vergleich der Rechtecke $(\vec{c}, \vec{a}')$, $(\vec{c}, \vec{b}')$, $(\vec{c}, \vec{a}'+\vec{b}')$ ergibt unter Berücksichtigung des Umlaufsinns

$$\vec{c}\times(\vec{a}'+\vec{b}') = (\vec{c}\times\vec{a}') + (\vec{c}\times\vec{b}'), \tag{7}$$

und wegen (3)

$$\vec{c}\times(\vec{a}+\vec{b}) = (\vec{c}\times\vec{a}) + (\vec{c}\times\vec{b}). \tag{5}$$

Rechenpraxis: Bei vektorieller Multiplikation von Summen dürfen Klammern (vektoriell) "ausmultipliziert" und umgekehrt aus einer Summe von Vektorprodukten gleiche Faktoren "ausgeklammert" werden. Auf die Reihenfolge der Faktoren ist genau zu achten. (Unterschied zwischen "vorderer" und "hinterer" Multiplikation.)

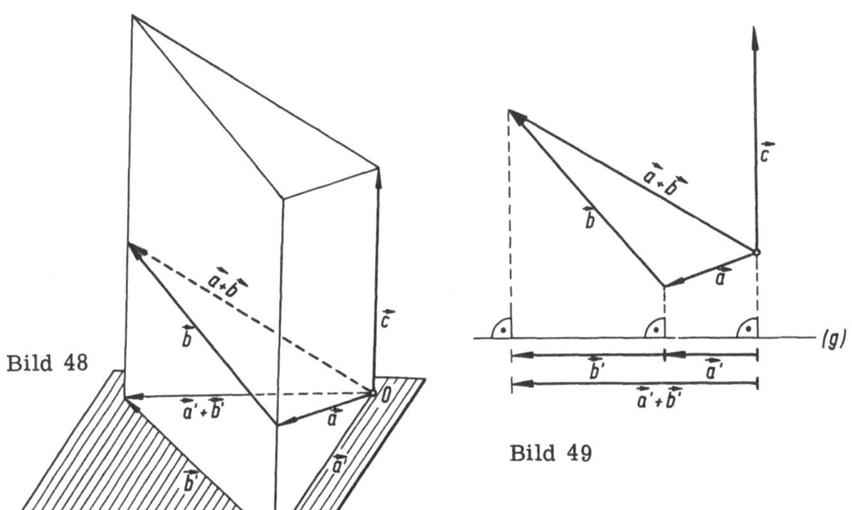

Bild 48

Bild 49

4.2.8. Das Quadrat eines Vektorprodukts

Nach Definition 4.1.2 und 3.2.9 ist

$$(\vec{a} \times \vec{b})^2 = |\vec{a} \times \vec{b}|^2 \;=\; \vec{a}^2\,\vec{b}^2 \cdot \sin^2(\vec{a},\,\vec{b})$$
$$= \vec{a}^2\,\vec{b}^2\,(1 - \cos^2(\vec{a},\,\vec{b}))$$
$$= \vec{a}^2\,\vec{b}^2 - \vec{a}^2\,\vec{b}^2 \cdot \cos^2(\vec{a},\,\vec{b}), \quad \text{folglich}$$
$$(\vec{a} \times \vec{b})^2 = \vec{a}^2\,\vec{b}^2 - (\vec{a}\,\vec{b})^2. \tag{8}$$

Rechenpraxis: Durch (8) wird das Quadrat eines Vektorprodukts auf
skalare Produkte zurückgeführt. Dies wird häufig benützt zur Berechnung des Betrags eines Vektorprodukts, dessen Faktoren selbst wieder aus Grundvektoren aufgebaut sind (vgl. dazu 3.2.11.3, Gl. (15)).

4.2.9. Die Divisionsfrage

Q in 1.4 verlangt, auf Vektorprodukte angewandt: Zu zwei Vektoren
$\vec{a} \neq \vec{o}$ und $\vec{b}$ soll es genau einen Vektor $\vec{x}$ geben, so daß $\vec{a} \times \vec{x} = \vec{b}$ ist.
Diese Forderung ist in voller Allgemeinheit sicher nicht erfüllbar, da
nach der Erklärung des Vektorprodukts $\vec{b} \perp \vec{a}$ sein muß. Aber selbst unter
dieser Voraussetzung ist keine eindeutige Lösung möglich, weil $\vec{b}$ als
Flächenvektor nach Bild 50 unendlich viele flächengleiche Parallelogramme mit der festen Seite $\vec{a}$ zuläßt. Es gibt deshalb keine "vektorielle
Division".

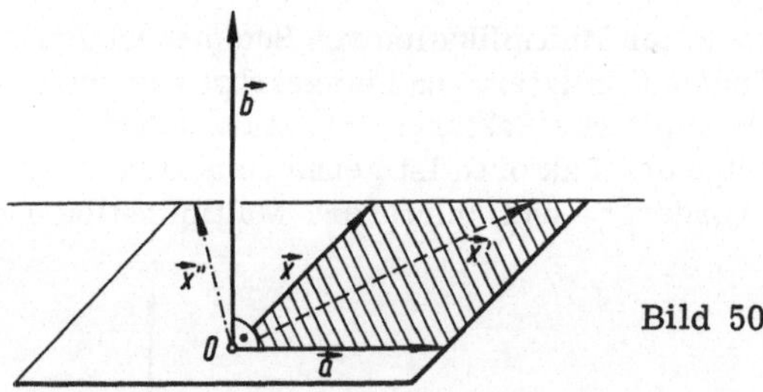

Bild 50

4.2.10. Das Rechnen mit Plangrößen

Jedem Vektor ist nach 4.1 (Bild 41) eindeutig eine Plangröße zugeordnet
und umgekehrt. Rechnet man mit Vektoren, und ersetzt man im Rechen-
gang alle auftretenden Vektoren durch die zugeordneten Plangrößen, so
wird dadurch ein Rechnen mit Plangrößen erklärt. Man sagt: Vektoren
und Plangrößen sind "isomorph" aufeinander bezogen.

Beispiel: Den nicht parallelen Plangrößen A und B seien die Flächen-
vektoren $\vec{a}$ und $\vec{b}$ zugeordnet. Der Summenvektor $\vec{c} = \vec{a} + \vec{b}$ bestimmt die
Plangröße $\varGamma$ = A + B. Zwei beliebige Repräsentanten von A und B be-
stimmen eine Schnittgerade (s). Wir können A und B speziell durch zwei

Rechtecke $(\vec{s},\ \vec{u})$ und $(\vec{s},\ \vec{v})$ mit gemeinsamem Seitenvektor $\vec{s}$ darstellen
(Bild 51). Dann liegen $\vec{u}$, $\vec{v}$; $\vec{a}$, $\vec{b}$ und $\vec{c} = \vec{a} + \vec{b}$ in einer Ebene (E) $\perp \vec{s}$.
Die zugeordnete Plangröße Γ wird durch das Rechteck $(\vec{s},\ \vec{w})$ dargestellt.
Die beiden Parallelogramme $(\vec{a},\ \vec{b})$ und $(\vec{u},\ \vec{v})$ gehen wegen $|\vec{a}| = |\vec{s}| \cdot |\vec{u}|$
mit $\vec{a} \perp \vec{s}$ (und entsprechend für $\vec{b}$ und $\vec{c}$) durch dieselbe Drehstreckung aus-
einander hervor. Γ ist deshalb das "Diagonalrechteck" im Spat $(\vec{s},\ \vec{u},\ \vec{v})$ bzw.
das Diagonalrechteck der Rechtecke A und B.

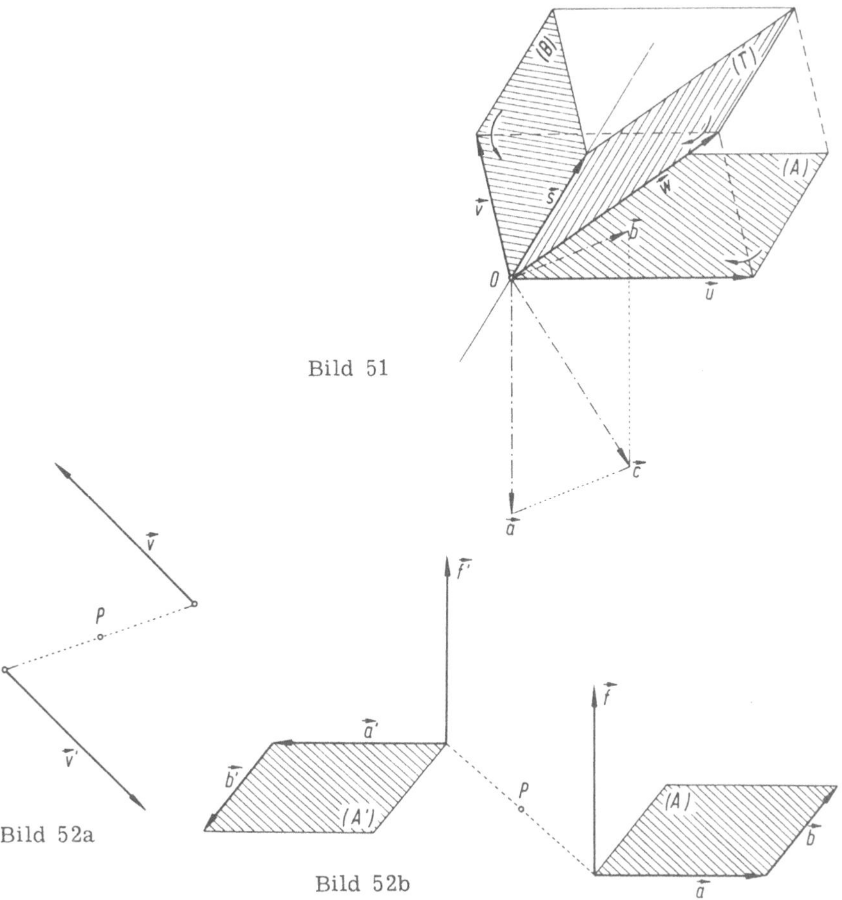

Bild 51

Bild 52a

Bild 52b

Anmerkung: Auf einen bezeichnenden Unterschied zwischen den
zuerst benützten Verschiebungsvektoren und den Flächenvektoren als
Ergänzungsvektoren von Plangrößen, der aber beim praktischen Rechnen i. a. keine Rolle spielt, sei noch hingewiesen: Wird ein Verschie-
bungsvektor $\vec{v}$ an einem Punkt P des Raumes gespiegelt, so entsteht
der entgegengesetzte Vektor $\vec{v}' = -\vec{v}$ (Bild 52a). Wird eine Plangröße A
an einem Punkt P gespiegelt, so bleiben Größe, Stellung und Umlaufsinn erhalten (Bild 52b), d. h. es ist A' = A und damit $\vec{f}' = \vec{f}$.

Vektorgrößen, die bei einer solchen Spiegelung ihre Richtung ändern, heißen **polare Vektorgrößen**, diejenigen, die ihre Richtung beibehalten, **axiale Vektorgrößen**. Polare Vektorgrößen (z. B. Verschiebung, Geschwindigkeit, Beschleunigung, Kraft) werden durch eine gerichtete Strecke (Pfeil) im Raum angegeben. Axiale Vektorgrößen (z. B. Drehmoment, Winkelgeschwindigkeit, Winkelbeschleunigung) werden, wenn diese Spiegelungseigenschaft ausgedrückt werden soll, zweckmäßig durch eine ungerichtete Strecke mit einem Drehsinn (Achse) dargestellt (Bild 53).

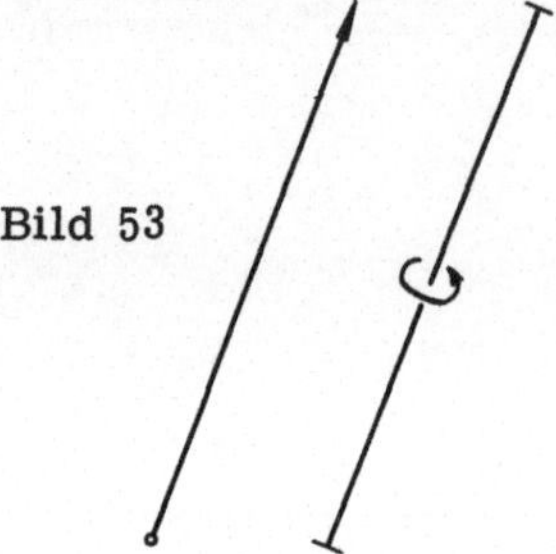

Bild 53

4.2.11. Beispiele zur Anwendung der Rechenregeln

1. Das Produkt $(\vec{a} + \vec{b}) \times (\vec{c} + \vec{d})$ soll als Summe geschrieben werden.

   Nach P VI in 1.4. ist $(\vec{a} + \vec{b}) \times (\vec{c} + \vec{d}) = \vec{a} \times (\vec{c} + \vec{d}) + \vec{b} \times (\vec{c} + \vec{d})$

   P IV (alternativ) $\qquad = -(\vec{c} + \vec{d}) \times \vec{a} - (\vec{c} + \vec{d}) \times \vec{b}$

   P VI $\qquad = -(\vec{c} \times \vec{a} + \vec{d} \times \vec{a}) - (\vec{c} \times \vec{b} + \vec{d} \times \vec{b})$

   2.3., Aufgabe 6b $\qquad = -(\vec{c} \times \vec{a}) - (\vec{d} \times \vec{a}) - (\vec{c} \times \vec{b}) - (\vec{d} \times \vec{b})$

   P IV (alternativ) $\qquad = \vec{a} \times \vec{c} + \vec{a} \times \vec{d} + \vec{b} \times \vec{c} + \vec{b} \times \vec{d}.$

2. Aus den beiden Gleichungen

$$\vec{a} \times \vec{b} = \vec{c} \times \vec{d} \qquad (9)$$

und

$$\vec{a} \times \vec{c} = \vec{b} \times \vec{d} \qquad (10)$$

folgen für $\vec{a} \neq \pm \vec{d}$ und $\vec{b} \neq \pm \vec{c}$ die beiden Beziehungen $(\vec{a} - \vec{d}) \| (\vec{b} - \vec{c})$ und $(\vec{a} + \vec{d}) \| (\vec{b} + \vec{c})$.

$$(9),\ (10) \Rightarrow \vec{a} \times \vec{b} - \vec{a} \times \vec{c} = \vec{c} \times \vec{d} - \vec{b} \times \vec{d}$$
$$\vec{a} \times (\vec{b} - \vec{c}) = (\vec{c} - \vec{b}) \times \vec{d}$$
$$\vec{a} \times (\vec{b} - \vec{c}) - \vec{d} \times (\vec{b} - \vec{c}) = \vec{o}$$
$$(\vec{a} - \vec{d}) \times (\vec{b} - \vec{c}) = \vec{o}. \qquad (11)$$

Nach 4.2.6 folgt aus (11)
a) $\vec{a} - \vec{d} = \vec{o}$, also $\vec{a} = \vec{d}$ $\qquad$ (entfällt nach Voraussetzung);
b) $\vec{b} - \vec{c} = \vec{o}$, also $\vec{b} = \vec{c}$ $\qquad$ (entfällt nach Voraussetzung);
c) $(\vec{a} - \vec{d}) \| (\vec{b} - \vec{c})$.
Die zweite Beziehung folgt nach entsprechender Umformung mit
(9) und (10) aus der Schlußgleichung $(\vec{a} + \vec{d}) \times (\vec{b} + \vec{c}) = \vec{o}.$ $\qquad$ (12)

4.3. Aufgaben

1. Zeichne den Produktvektor $\vec{c} = \vec{a} \times \vec{b}$ für verschiedene Lagen von $\vec{a}$ und $\vec{b}$ (Schrägbild oder Modell).

2. Wie ändert sich das Vektorprodukt $\vec{c} = \vec{a} \times \vec{b}$, wenn bei gleichbleibenden Beträgen $|\vec{a}|$ und $|\vec{b}|$ der Winkel $(\vec{a}, \vec{b})$ von 0° bis 180° verändert wird? Wann ist $|\vec{c}|$ am größten? Wann ist $|\vec{a} \times \vec{b}| = |\vec{a}| \cdot |\vec{b}|$? Beweise, daß stets $(\vec{a} \times \vec{b})^2 \leqq \vec{a}^2 \vec{b}^2$ ist.

3. Beweise das distributive Gesetz $(\vec{a} + \vec{b}) \times \vec{c} = \vec{a} \times \vec{c} + \vec{b} \times \vec{c}$ für den Sonderfall $\vec{a}, \vec{b}, \vec{c}$ komplanar durch Flächenvergleich an den Parallelogrammen $(\vec{a} + \vec{b}, \vec{c})$, $(\vec{a}, \vec{c})$ und $(\vec{b}, \vec{c})$.

4. Berechne den Winkel $(\vec{a}, \vec{b})$ mit Hilfe des Betrags des Vektorprodukts $\vec{a} \times \vec{b}$. Kann $\sphericalangle(\vec{a}, \vec{b})$ eindeutig bestimmt werden?

5   Untersuche, ob der Vektor $\vec{x}$ durch die Forderung $\vec{a} \times \vec{x} = \vec{b}$ mit $\vec{b} \perp \vec{a}$ eindeutig bestimmbar ist, wenn noch eine der folgenden Nebenbedingungen gestellt wird
    a) $\vec{x} \perp \vec{a}$;   b) $\sphericalangle(\vec{a}, \vec{x}) = \alpha$;   c) $|\vec{x}| = k$?

6. Berechne die folgenden Sonderfälle von 4.2.11.1:
    a) $(\vec{u} + \vec{v}) \times (\vec{u} + \vec{v})$;   b) $(\vec{u} + \vec{v}) \times (\vec{u} - \vec{v})$.

7. Sind $\vec{a}, \vec{b}, \vec{v}$ drei komplanare Vektoren und sind $\vec{a}$ und $\vec{b}$ nicht kollinear, so ist $\vec{v} = m\vec{a} + n\vec{b}$ (vgl. 2.2.10). Berechne die Koordinaten m und n mit Hilfe von Vektorprodukten.

    A n l e i t u n g : Multipliziere die obige Gleichung vektoriell mit $\vec{b}$ bzw. $\vec{a}$ und bilde die Beträge der neuen Gleichungen. Die Vorzeichen von m und n können z. B. mit Hilfe einer maßstäblichen Zeichnung ermittelt werden.

8. Welche kürzere Fassung erhält die Parallelitätsbedingung in 4.2.6, wenn man zusätzlich definiert: "Der Nullvektor $\vec{o}$ ist parallel zu jedem andern Vektor"?

4.4. Beispiele zum praktischen Rechnen

1. Berechne am Spat $(O; \vec{a}, \vec{b}, \vec{c})$ im Beispiel 3.4.2 die Flächeninhalte der Parallelogramme $(O; \vec{a}, \vec{c})$, $(O; \vec{b}, \vec{c})$ und $(O; \vec{a} + \vec{b}, \vec{c})$, sowie den Winkel ε der Spatflächen $(\vec{a}, \vec{c})$ und $(\vec{b}, \vec{c})$.

a) Flächenberechnung.

Der Flächeninhalt eines Parallelogramms $(\vec{u}, \vec{v})$ ist nach Definition 4.1.2. gleich dem Betrag des Flächenvektors $\vec{A} = \vec{u} \times \vec{v}$.

$$\vec{A}_1 = \vec{a} \times \vec{c}; \qquad |\vec{A}_1| = ac \cdot \sin(\vec{a}, \vec{c}) = 12 \cdot \sqrt{3}$$

$$\vec{A}_2 = \vec{b} \times \vec{c}; \qquad |\vec{A}_2| = bc \cdot \sin(\vec{b}, \vec{c}) = 6 \cdot \sqrt{2}$$

$$\vec{A} = (\vec{a} + \vec{b}) \times \vec{c}; \qquad |\vec{A}| = |\vec{a} + \vec{b}| \cdot c \cdot \sin(\vec{a} + \vec{b}, \vec{c}).$$

Da $|\vec{a} + \vec{b}|$ und $\sphericalangle(\vec{a} + \vec{b}, \vec{c})$ nicht gegeben sind, kann $|\vec{A}|$ nicht unmittelbar berechnet werden. Wir bilden $\vec{A}^2$ und formen so um, daß nur skalare Produkte der Grundvektoren auftreten. Nach 4.2.8. ist

$$\vec{A}^2 = ((\vec{a} + \vec{b}) \times \vec{c})^2$$

$$= (\vec{a} + \vec{b})^2 \vec{c}^2 - ((\vec{a} + \vec{b}) \vec{c})^2$$

$$= (\vec{a}^2 + 2\vec{a}\vec{b} + \vec{b}^2) \vec{c}^2 - (\vec{a}\vec{c} + \vec{b}\vec{c})^2 \qquad \text{also}$$

$$\vec{A}^2 = \vec{a}^2 \vec{c}^2 + 2(\vec{a}\vec{b}) \vec{c}^2 + \vec{b}^2 \vec{c}^2 - (\vec{a}\vec{c})^2 - 2(\vec{a}\vec{c})(\vec{b}\vec{c}) - (\vec{b}\vec{c})^2. \qquad (13)$$

Mit den Zahlen von 3.4.2 wird

$$\vec{A}^2 = 72(11 - 2 \cdot \sqrt{2}); \qquad |\vec{A}| \approx 24,26.$$

b) Winkelberechnung.

Der Winkel zweier Ebenen (E_1) und (E_2) ist nach Bild 54 gleich dem Winkel zweier Normalvektoren $\vec{n}_1 \perp (E_1)$ und $\vec{n}_2 \perp (E_2)$ dieser Ebenen. Deshalb ist $\varepsilon = \sphericalangle(\vec{A}_1, \vec{A}_2)$. Aus

$$(\vec{a} + \vec{b}) \times \vec{c} = \vec{a} \times \vec{c} + \vec{b} \times \vec{c} \qquad (14)$$

folgt $\qquad \vec{A} = \vec{A}_1 + \vec{A}_2,$

$$\vec{A}^2 = \vec{A}_1^2 + \vec{A}_2^2 + 2\,|\vec{A}_1\|\vec{A}_2| \cdot \cos\varepsilon$$

(Kosinussatz für orientierte Spatflächen),

somit

$$\cos\varepsilon = \frac{\vec{A}^2 - \vec{A}_1^2 - \vec{A}_2^2}{2 \cdot |\vec{A}_1| \cdot |\vec{A}_2|}$$

In Zahlen:

$$\cos\varepsilon = \frac{144(2 - \sqrt{2})}{144 \cdot \sqrt{6}} = \frac{1}{3}(\sqrt{6} - \sqrt{3})$$

$$\approx 0,2394; \qquad \varepsilon \approx 76,15^\circ.$$

Der Vergleich der quadrierten beiden Seiten von Gleichung (14) liefert eine skalare Identität, mit deren Hilfe ε unmittelbar aus den Grundvektoren berechnet werden kann. Linke Seite vgl. (13); rechte Seite ausmultipliziert und nach 4.2.8 umgeformt:

$$\vec{A}^2 = (\vec{a} \times \vec{c} + \vec{b} \times \vec{c})^2$$
$$= (\vec{a} \times \vec{c})^2 + 2(\vec{a} \times \vec{c})(\vec{b} \times \vec{c}) + (\vec{b} \times \vec{c})^2$$
$$= \vec{a}^2 \vec{c}^2 - (\vec{a}\,\vec{c})^2 + 2(\vec{a} \times \vec{c})(\vec{b} \times \vec{c}) + \vec{b}^2 \vec{c}^2 - (\vec{b}\,\vec{c})^2. \tag{15}$$

$(13), (15) \Rightarrow$

$$(\vec{a} \times \vec{c})(\vec{b} \times \vec{c}) = (\vec{a}\,\vec{b})\,\vec{c}^2 - (\vec{a}\,\vec{c})(\vec{b}\,\vec{c}). \tag{16}$$

(Gleichung (16) ist ein Sonderfall der allgemeineren Gleichung (1)
in 8. 1. 1).
Aus der Identität (16) folgt nach 3. 2. 8

$$\cos\,\varepsilon = \cos\,((\vec{a} \times \vec{c}),\ (\vec{b} \times \vec{c})) = \frac{(\vec{a}\,\vec{b})\,\vec{c}^2 - (\vec{a}\,\vec{c})(\vec{b}\,\vec{c})}{|\vec{a} \times \vec{c}| \cdot |\vec{b} \times \vec{c}|}$$

In Zahlen:

$$\cos\,\varepsilon = \frac{2 - \sqrt{2}}{\sqrt{6}} \approx 0,2394\,; \quad \varepsilon \approx 76,15^{\circ}.$$

2.   Im Quader $(O;\ \vec{a},\ \vec{b},\ \vec{c})$ sind nach Bild 55 zwei Parallelebenen (E_1)
und (E_2) gezeichnet. Berechne ihren Abstand.

Der Abstandsvektor $\vec{d}$ steht senkrecht zu (E_1). Seine Richtung wird
deshalb wiedergegeben durch den Vektor

$$\vec{v} = \overrightarrow{AB} \times \overrightarrow{BC} = (\vec{b} - \vec{a}) \times (\vec{c} - \vec{b})$$
$$= \vec{b} \times \vec{c} + \vec{c} \times \vec{a} + \vec{a} \times \vec{b}. \tag{17}$$

$\vec{d}$ entsteht durch senkrechte Projektion irgendeines Vektors, der
von einem Punkt in (E_1) zu einem Punkt in (E_2) führt, auf $\vec{v}$.
Wir wählen $\overrightarrow{BD} = \vec{a}$. Dann ist nach 3. 2. 6, Gl. (5)

$$\vec{d} = \vec{a}_{\vec{v}} = \frac{\vec{a}\,\vec{v}}{\vec{v}^2} \cdot \vec{v} \tag{18}$$

mit

$$|\vec{d}| = \frac{|\vec{a}\,\vec{v}|}{|\vec{v}|}. \tag{19}$$

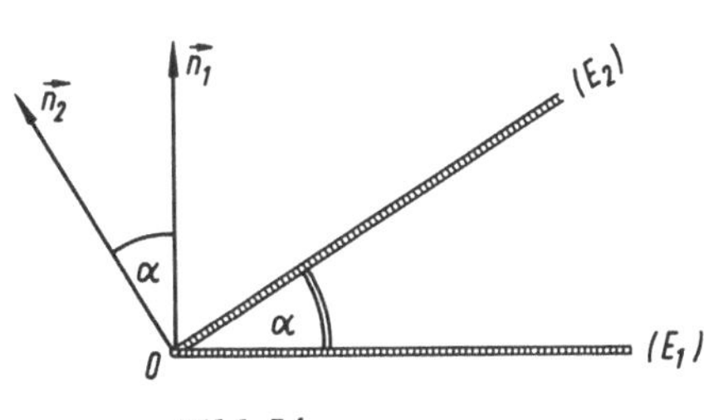

Bild 54

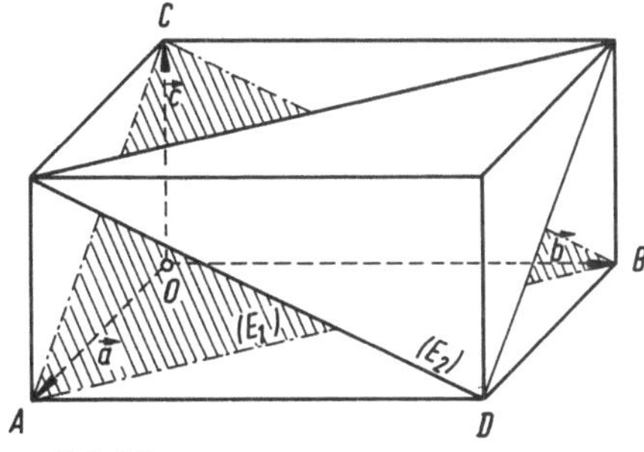

Bild 55

Beim Quader, dessen Kanten $\vec{a}$, $\vec{b}$, $\vec{c}$ als Rechtssystem orientiert sind, ist $\vec{a} \perp \vec{b}$, $\vec{b} \perp \vec{c}$, $\vec{c} \perp \vec{a}$ und damit $\vec{a} \parallel \vec{b} \times \vec{c}$. Ferner ist $\vec{a} \perp (\vec{c} \times \vec{a})$ und $\vec{a} \perp (\vec{a} \times \vec{b})$. Deshalb wird

$$\vec{a}\,\vec{v} = \vec{a}\,(\vec{b} \times \vec{c} + \vec{c} \times \vec{a} + \vec{a} \times \vec{b}) = \vec{a}\,(\vec{b} \times \vec{c}) + 0 + 0 = |\vec{a}| \cdot |\vec{b} \times \vec{c}| = abc \,. \qquad (20)$$

Ferner ist nach 4.2.8 und wegen $\vec{a}\,\vec{b} = \vec{b}\,\vec{c} = \vec{c}\,\vec{a} = 0$

$$\vec{v}^2 = \left\{ (\vec{b} - \vec{a}) \times (\vec{c} - \vec{b}) \right\}^2 = (\vec{b} - \vec{a})^2 (\vec{c} - \vec{b})^2 - \left\{ (\vec{b} - \vec{a})(\vec{c} - \vec{b}) \right\}^2$$

$$= (\vec{b}^2 + \vec{a}^2)(\vec{c}^2 + \vec{b}^2) - (\vec{b}^2)^2 = a^2 b^2 + b^2 c^2 + c^2 a^2 \,. \qquad (21)$$

Mit (20) und (21) wird aus (18) und (19)

$$\vec{d} = \frac{abc}{a^2 b^2 + b^2 c^2 + c^2 a^2} \, ((\vec{b} - \vec{a}) \times (\vec{c} - \vec{b})) \quad \text{und} \quad d = \frac{abc}{\sqrt{a^2 b^2 + b^2 c^2 + c^2 a^2}} \,.$$

5. Das Spatprodukt

5.1. Die Erklärung des Spatprodukts

Wird der Produktvektor $\vec{A} = \vec{a} \times \vec{b}$ aus zwei beliebigen Vektoren $\vec{a}$ und $\vec{b}$ mit einem dritten Vektor $\vec{c}$ skalar multipliziert, so entsteht ein gemischtes Produkt von der Form $\vec{A}\,\vec{c} = (\vec{a} \times \vec{b}) \cdot \vec{c}$.

Definition 5.1

   Der skalare Ausdruck $V = (\vec{a} \times \vec{b})\vec{c}$ heißt das Spatprodukt der drei Vektoren $\vec{a}$, $\vec{b}$, $\vec{c}$.

5.2. Die Eigenschaften des Spatprodukts

5.2.1. Die geometrische Bedeutung

Es seien $\vec{a}$, $\vec{b}$, $\vec{c}$ drei nicht komplanare Vektoren. $\vec{A} = \vec{a} \times \vec{b}$ ist der Flächenvektor des Parallelogramms $(O; \vec{a}, \vec{b})$. Mit der senkrechten Projektion $\vec{c}_{\vec{A}}$ wird nach Definition 3.1

$$| \vec{A}\vec{c} | = | \vec{A} | \cdot | \vec{c}_{\vec{A}} | .$$

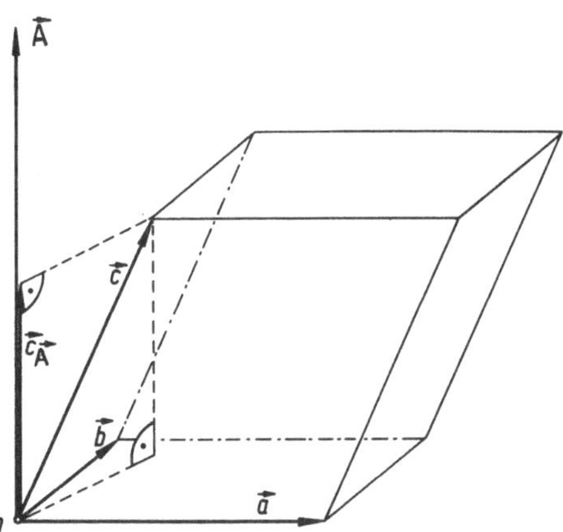

Bild 56

Nach Bild 56 ist $| \vec{c}_{\vec{A}} |$ der Betrag der Höhe zur Grundfläche $(\vec{a}, \vec{b})$ im Spat $(O; \vec{a}, \vec{b}, \vec{c})$ und $| \vec{A} |$ die Maßzahl dieser Grundfläche. Der Ausdruck $V = \vec{A}\,\vec{c} = (\vec{a} \times \vec{b})\,\vec{c}$ gibt damit, vom Vorzeichen abgesehen, den Rauminhalt des Spats $(O; \vec{a}, \vec{b}, \vec{c})$ wieder.

5.2.2. Das Vorzeichen des Spatprodukts

Das Spatprodukt $V = (\vec{a} \times \vec{b})\,\vec{c} = \vec{A}\,\vec{c}$ wird $\gtrless 0$, je nachdem $\vec{c}\,{\underset{\vec{A}}{\uparrow\downarrow}}\,\vec{A}$, also
$\measuredangle\,(\vec{A}, \vec{c}) \lessgtr 90^\circ$ ist.

Man sagt: Die Vektoren $(\vec{a}, \vec{b}, \vec{c})$ bilden ein Rechtssystem (vgl. 4.1:
gespreizter Daumen, Zeige- und Mittelfinger der rechten Hand) bzw.
Linkssystem (dieselben Finger der linken Hand), wenn $V > 0$ bzw.
$V < 0$ ist.

> Rechenpraxis: Das Vorzeichen eines Spatprodukts bezieht sich nur
> auf die Orientierung der Kantenvektoren.

5.2.3. Der Vertauschungssatz für Spatprodukte

Eine zyklische Vertauschung der Kantenvektoren im Spatprodukt
$V = (\vec{a} \times \vec{b})\,\vec{c}$ bedeutet nur, daß im Spat $(O;\ \vec{a}, \vec{b}, \vec{c})$ statt des Parallelogramms $(\vec{a}, \vec{b})$ das Parallelogramm $(\vec{b}, \vec{c})$ bzw. $(\vec{c}, \vec{a})$ als Grundfläche
gewählt wird. Da sich dabei weder Volumen, noch Orientierung der Kanten-
vektoren ändern, ist

$$V = (\vec{a} \times \vec{b})\,\vec{c} = (\vec{b} \times \vec{c})\,\vec{a} = (\vec{c} \times \vec{a})\,\vec{b}.$$

Schreibt man $\vec{a}\,(\vec{b} \times \vec{c})$ anstelle von $(\vec{b} \times \vec{c})\,\vec{a}$, so folgt aus obiger Beziehung

$$(\vec{a} \times \vec{b}) \cdot \vec{c} = \vec{a} \cdot (\vec{b} \times \vec{c}), \tag{1}$$

d.h. man darf die Zeichen $(\times)$ und $(\cdot)$ vertauschen, ohne daß sich der
Wert des Produkts ändert. Diese Eigenschaft erlaubt bei Spatprodukten
die kurze und unmißverständliche Schreibweise

$$V = [\,\vec{a}\,\vec{b}\,\vec{c}\,].$$

Wird im Spatprodukt die zyklische Reihenfolge der Vektoren geändert, so
tritt ein Vorzeichenwechsel ein, z.B.

$$[\,\vec{b}\,\vec{a}\,\vec{c}\,] = (\vec{b} \times \vec{a})\,\vec{c} = -(\vec{a} \times \vec{b})\,\vec{c} = -[\,\vec{a}\,\vec{b}\,\vec{c}\,].$$

Somit ist
$$V = \quad [\,\vec{a}\,\vec{b}\,\vec{c}\,] = \quad [\,\vec{b}\,\vec{c}\,\vec{a}\,] = \quad [\,\vec{c}\,\vec{a}\,\vec{b}\,] \tag{2}$$
$$= -[\,\vec{a}\,\vec{c}\,\vec{b}\,] = -[\,\vec{c}\,\vec{b}\,\vec{a}\,] = -[\,\vec{b}\,\vec{a}\,\vec{c}\,].$$

5.2.4. Ausgeartete Spatprodukte

Das Spatprodukt $V = (\vec{a} \times \vec{b})\,\vec{c} = \vec{A}\,\vec{c}$ kann bei drei von $\vec{o}$ verschiedenen
Kantenvektoren nur dann Null werden, wenn entweder $\vec{A} = \vec{o}$ oder $\vec{A} \perp \vec{c}$
ist.

1. Aus $\vec{A} = \vec{o}$ folgt $\vec{a} \| \vec{b}$, d.h. $\vec{a}, \vec{b}, \vec{c}$ sind komplanar. Danach ist z.B.
   stets $[\,\vec{a}\,\vec{a}\,\vec{b}\,] = [\,\vec{a}\,\vec{b}\,\vec{a}\,] = 0$.
2. Ist $\vec{A} \perp \vec{c}$, so sind $\vec{a}, \vec{b}, \vec{c}$ ebenfalls komplanar.

Komplanaritätsbedingung: Die drei Vektoren $\vec{a}, \vec{b}, \vec{c}$ sind genau dann
komplanar, wenn $V = [\,\vec{a}\,\vec{b}\,\vec{c}\,] = 0$ ist.

5.3. Aufgaben

1. Schreibe das Spatprodukt $V = (\vec{a} \times \vec{b}) \, \vec{c} = \vec{A} \, \vec{c}$ in den Beträgen und Winkeln der auftretenden Vektoren an und untersuche, für welche Lage von $\vec{a}$, $\vec{b}$, $\vec{c}$ bei festen Beträgen $|\vec{a}|$, $|\vec{b}|$, $|\vec{c}|$ das Spatprodukt seinen größten Wert erreicht.

2. Kann man beim Spatprodukt $V = (\vec{a} \times \vec{b}) \, \vec{c}$ von einer "assoziativen Form" sprechen? (Vgl. dazu 2.2.7, Schlußbemerkung.)

3. Überlege an Hand einer Figur, daß ein Rechts- (Links-) System $(\vec{a}, \vec{b}, \vec{c})$ bei zyklischer Vertauschung der Vektoren immer ein Rechts- (Links-) System bleibt, und daß bei einem Wechsel der Orientierung aller drei Vektoren ein Rechts- (Links-) System in ein Links- (Rechts-) System übergeht.

4. Zeige, daß man im Spatprodukt $[\vec{a} \, \vec{b} (\vec{c} + \vec{d})]$ die Klammer "ausmultiplizieren" darf. Welche geometrische Bedeutung hat die erhaltene Gleichung?

    Anleitung: Schreibe nach 5.2.3, Gl.(1) $V = (\vec{a} \times \vec{b})(\vec{c} + \vec{d})$.

5. Zeige durch Ausrechnung nach Aufgabe 4, daß $V = [\vec{a} \, \vec{b} \, \vec{c}] = 0$ wird, wenn $\vec{a}$, $\vec{b}$, $\vec{c}$ linear abhängig sind.

6. Kann man in der Summe $[\vec{a} \, \vec{b} \, \vec{c}] + [\vec{a} \, \vec{d} \, \vec{c}]$ den gemeinsamen Faktor $\vec{a}$ "ausklammern"? Wie läßt sich der ganze Ausdruck als ein Spatprodukt schreiben?

5.4. Beispiel zum praktischen Rechnen

Die Zerlegung des Vektors $\vec{v}$ in seine Komponenten nach drei linear unabhängigen Grundvektoren $\vec{a}$, $\vec{b}$, $\vec{c}$ soll rechnerisch ausgeführt werden.

Nach 2.2.10 gibt es eine Zerlegung der Form

$$\vec{v} = m \, \vec{a} + n \, \vec{b} + p \, \vec{c} \tag{3}$$

mit eindeutig bestimmten Vorzahlen m, n, p. Multipliziert man (3) skalar mit $\vec{b} \times \vec{c}$, so wird

$$[\vec{v} \, \vec{b} \, \vec{c}] = m \, [\vec{a} \, \vec{b} \, \vec{c}] + n \, [\vec{b} \, \vec{b} \, \vec{c}] + p \, [\vec{c} \, \vec{b} \, \vec{c}].$$

Wegen $[\vec{b} \, \vec{b} \, \vec{c}] = 0$ und $[\vec{c} \, \vec{b} \, \vec{c}] = 0$ (vgl. 5.2.4.) folgt daraus

$$m = \frac{[\vec{v} \, \vec{b} \, \vec{c}]}{[\vec{a} \, \vec{b} \, \vec{c}]}.$$

Durch Multiplikation von (3) mit $(\vec{c} \times \vec{a})$ bzw. $(\vec{a} \times \vec{b})$ findet man entsprechend

$$n = \frac{[\vec{v}\,\vec{c}\,\vec{a}]}{[\vec{a}\,\vec{b}\,\vec{c}]} \quad \text{bzw.} \quad p = \frac{[\vec{v}\,\vec{a}\,\vec{b}]}{[\vec{a}\,\vec{b}\,\vec{c}]} \, .$$

Somit ist

$$\vec{v} = \frac{[\vec{v}\,\vec{b}\,\vec{c}]}{[\vec{a}\,\vec{b}\,\vec{c}]}\,\vec{a} + \frac{[\vec{v}\,\vec{c}\,\vec{a}]}{[\vec{a}\,\vec{b}\,\vec{c}]}\,\vec{b} + \frac{[\vec{v}\,\vec{a}\,\vec{b}]}{[\vec{a}\,\vec{b}\,\vec{c}]}\,\vec{c} \, . \tag{4}$$

(Zahlenmäßige Berechnung der Spatprodukte in (4) siehe 6.3.)

6. Der Entwicklungssatz

Beim Spatprodukt $V = [\vec{a}\,\vec{b}\,\vec{c}]$ werden **drei** Vektoren $\vec{a}$, $\vec{b}$, $\vec{c}$ durch vektorielle und skalare Multiplikation miteinander verknüpft (vgl. 5.1). Eine davon wesentlich verschiedene Produktform ist das "doppelte Vektorprodukt" $\vec{x} = \vec{a} \times (\vec{b} \times \vec{c})$.

6.1. Der Entwicklungssatz

Es seien $\vec{a}$, $\vec{b}$, $\vec{c}$ drei nicht verschwindende Vektoren, und es seien $\vec{b}$ und $\vec{c}$, sowie $\vec{a}$ und $\vec{b} \times \vec{c}$ nicht linear abhängig. Nach Definition 4.1.2 ist $\vec{x} = \vec{a} \times (\vec{b} \times \vec{c})$ ein nicht verschwindender Vektor $\perp (\vec{b} \times \vec{c})$. Da $\vec{b} \times \vec{c}$ seinerseits $\perp E(\vec{b}, \vec{c})$ ist, muß $\vec{x}$ komplanar mit $\vec{b}$ und $\vec{c}$ sein (Bild 57). Nach 2.2.10, Gl. (9) läßt sich $\vec{x}$ darstellen in der Form

$$\vec{x} = m\,\vec{b} + n\,\vec{c}.$$

Die Bestimmung der Koordinaten m und n ist der Inhalt des "Entwicklungssatzes" der Vektorrechnung.

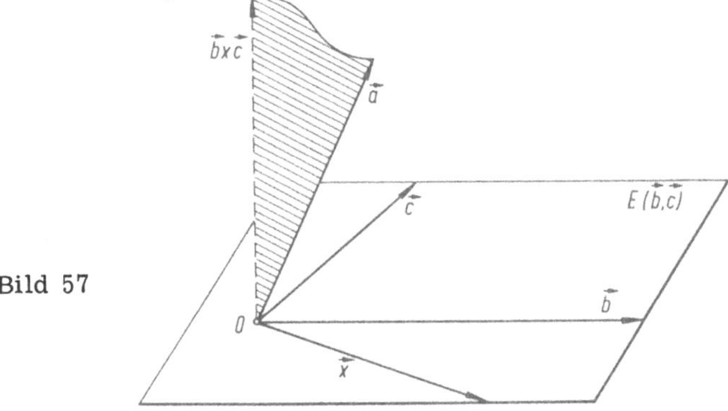

Bild 57

6.1.1. Vorwiegend anschauliche Entwicklung

Der Sonderfall $\vec{a}$, $\vec{b}$, $\vec{c}$ komplanar mit $|\vec{b}| = |\vec{c}| = 1$ und $\vec{b} \perp \vec{c}$ wird schrittweise verallgemeinert. Außer den elementaren Rechenregeln zur Addition und Multiplikation werden nur die folgenden beiden Eigenschaften benützt:

E 1 Die senkrechte Projektion $\vec{q}$ eines Vektors $\vec{v}$ auf einen Einheitsvektor $\vec{n}^0$ heißt

$$\vec{q} = (\vec{v}\,\vec{n}^0)\vec{n}^0 \qquad \text{(vgl. 3.2.6., Gleichung (5')).}$$

E 2 Liegen die Endpunkte der in O angesetzten Vektoren $\vec{v}$ und $\vec{a}$ in einer Ebene (B) $\perp \vec{b}$, so ist

$$(\vec{v}\,\vec{b}) = (\vec{a}\,\vec{b}) \qquad \text{(vgl. 3.2.4, Bild 31).}$$

a) Es seien $\vec{B}^O$ und $\vec{C}^O$ zwei aufeinander senkrechte Einheitsvektoren, und $\vec{A}$ liege in der Ebene $(\vec{B}^O, \vec{C}^O)$. Dann ist $\vec{B}^O \times \vec{C}^O$ ein Einheitsvektor $\perp E(\vec{B}^O, \vec{C}^O)$; $\vec{x}' = \vec{A} \times (\vec{B}^O \times \vec{C}^O)$ hat den Betrag $|\vec{x}'| = |\vec{A}|$ und ist gegenüber $\vec{A}$ in der Ebene $(\vec{B}^O, \vec{C}^O)$ um -90° gedreht (Bild 58). Die Komponenten von $\vec{A}$ in den Richtungen $\vec{B}^O$ bzw. $\vec{C}^O$ sind nach E 1 $(\vec{A}\vec{B}^O)\vec{B}^O$ bzw. $(\vec{A}\vec{C}^O)\vec{C}^O$. Nach Bild 58 wird wegen der Kongruenz der dort auftretenden Dreiecke

$$\vec{x}' = - (\vec{A}\,\vec{B}^O)\vec{C}^O + (\vec{A}\,\vec{C}^O)\,\vec{B}^O$$

oder

$$\vec{A} \times (\vec{B}^O \times \vec{C}^O) = (\vec{A}\,\vec{C}^O)\,\vec{B}^O - (\vec{A}\,\vec{B}^O)\,\vec{C}^O . \tag{1}$$

b) Die Einheitsvektoren $\vec{B}^O$ und $\vec{C}^O$ werden verallgemeinert zu $\vec{b} = B \cdot \vec{B}^O$ und $\vec{C} = C \cdot \vec{C}^O$. Aus (1) folgt dann durch Multiplikation mit $B \cdot C$

$$\vec{A} \times (\vec{b} \times \vec{C}) = (\vec{A}\,\vec{C})\,\vec{b} - (\vec{A}\,\vec{b})\,\vec{C} . \tag{2}$$

c) $\vec{c}$ sei ein Vektor in der Ebene $(\vec{A}, \vec{b})$ mit der senkrechten Projektion $\vec{C}$ auf $\vec{C}^O$. Nach Bild 59 ist $\vec{C} = \vec{c} + k\,\vec{b}$. Setzt man dies in (2) ein, so wird wegen $\vec{b} \times \vec{C} = \vec{b} \times \vec{c}$ (vgl. 4.2.4., Bild 46)

$$\vec{A} \times (\vec{b} \times \vec{c}) = (\vec{A}(\vec{c} + k\,\vec{b}))\,\vec{b} - (\vec{A}\,\vec{b})(\vec{c} + k\,\vec{b})$$

$$= (\vec{A}\,\vec{c})\,\vec{b} + k(\vec{A}\,\vec{b})\,\vec{b} - (\vec{A}\,\vec{b})\,\vec{c} - k(\vec{A}\,\vec{b})\vec{b}$$

$$\vec{A} \times (\vec{b} \times \vec{c}) = (\vec{A}\,\vec{c})\,\vec{b} - (\vec{A}\,\vec{b})\,\vec{c}. \tag{3}$$

d) $\vec{A}$ wird verallgemeinert durch einen Vektor $\vec{a}$, dessen senkrechte Projektion in die Ebene $E(\vec{b}, \vec{c})$ mit $\vec{A}$ übereinstimmt (Bild 60). Nach 4.2.4. ist

$$\vec{A} \times (\vec{b} \times \vec{c}) = \vec{a} \times (\vec{b} \times \vec{c}) . \tag{4a}$$

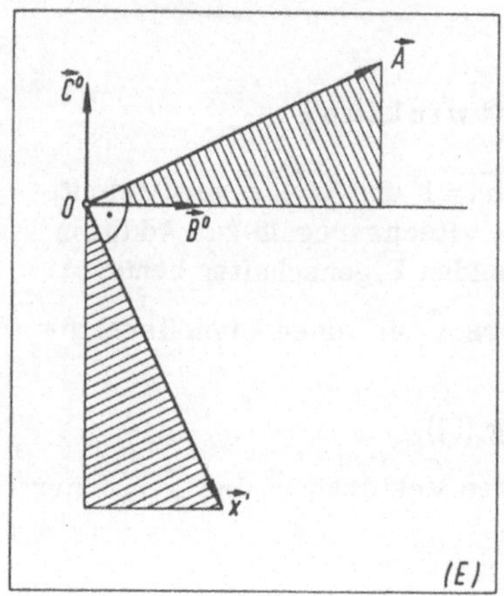

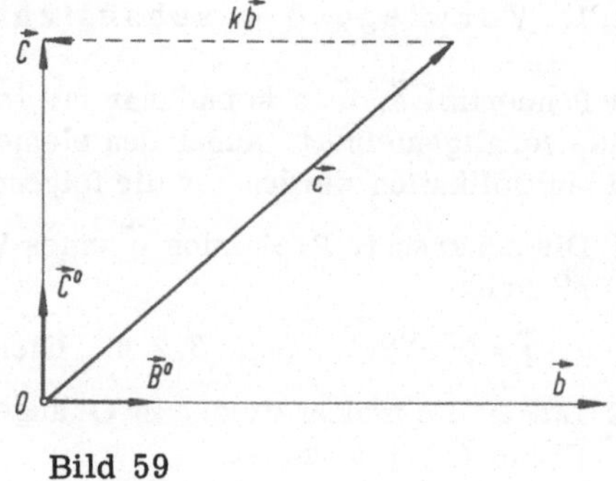

Bild 58

Bild 59

Außerdem ist nach E 2

$$(\vec{A}\,\vec{b}) = (\vec{a}\,\vec{b}) \quad \text{und} \quad (\vec{A}\,\vec{c}) = (\vec{a}\,\vec{c}), \tag{4b}$$

weil die Endpunkte von $\vec{A}$ und $\vec{a}$ in einer Ebene $\perp \vec{b}$ bzw. $\perp \vec{c}$ liegen (Bild 60).

Mit (4a) und (4b) wird (3) zu

$$\vec{a} \times (\vec{b} \times \vec{c}) = (\vec{a}\,\vec{c})\,\vec{b} - (\vec{a}\,\vec{b})\,\vec{c}. \tag{5}$$

Da sich jedes Vektortripel $\vec{a}$, $\vec{b}$, $\vec{c}$ in der angegebenen Weise aus $\vec{B}^O$, $\vec{C}^O$ und $\vec{A}$ aufbauen läßt, gilt (5) allgemein.

Entwicklungssatz: Das doppelte Vektorprodukt $\vec{a} \times (\vec{b} \times \vec{c})$ läßt sich als Differenz aus Vielfachen der Vektoren $\vec{b}$ und $\vec{c}$ darstellen in der Form

$$\vec{a} \times (\vec{b} \times \vec{c}) = (\vec{a}\,\vec{c})\,\vec{b} - (\vec{a}\,\vec{b})\,\vec{c}.$$

(Die in der Voraussetzung ausgeschlossenen Sonderfälle werden in 6.2.1. behandelt.)

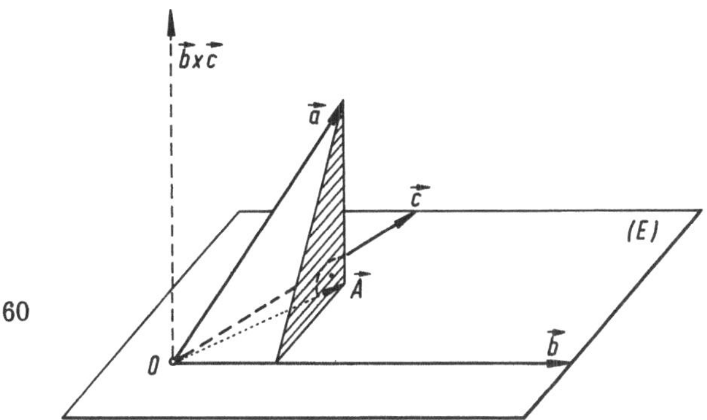

Bild 60

6.1.2. Rechnerische Entwicklung

Für drei beliebige Vektoren $\vec{a}$, $\vec{b}$, $\vec{c}$ gilt unter den in 6.1. gemachten Voraussetzungen

$$\vec{a} \times (\vec{b} \times \vec{c}) = m\,\vec{b} + n\,\vec{c}, \tag{6}$$

umgeformt

$$(\vec{b} \times \vec{c}) \times \vec{a} = -m\,\vec{b} - n\,\vec{c} \tag{7}$$

(7) skalar mit $\vec{a} \times \vec{c}$ multipliziert ergibt

$$((\vec{b} \times \vec{c}) \times \vec{a}) \cdot (\vec{a} \times \vec{c}) = +m\,[\vec{a}\,\vec{b}\,\vec{c}]. \tag{8}$$

Aus der Identität 4.4.1, Gl. (16) folgt mit $\vec{u} = \vec{b} \times \vec{c}$, $\vec{v} = \vec{c}$ und $\vec{w} = \vec{a}$

$$((\vec{b} \times \vec{c}) \times \vec{a}) \cdot (\vec{c} \times \vec{a}) = [\vec{b}\,\vec{c}\,\vec{c}]\, a^2 - [\vec{b}\,\vec{c}\,\vec{a}]\,(\vec{c}\,\vec{a}), \text{ somit}$$

$$((\vec{b} \times \vec{c}) \times \vec{a}) \cdot (\vec{a} \times \vec{c}) = + (\vec{c}\,\vec{a})\,[\vec{a}\,\vec{b}\,\vec{c}]\,. \tag{9}$$

$$(8),\ (9) \implies m = (\vec{a}\,\vec{c})\,. \tag{10}$$

Zur Bestimmung von n wird (6) skalar mit $\vec{a}$ multipliziert. Wegen $\vec{a} \times (\vec{b} \times \vec{c}) \perp \vec{a}$ ist

$$0 = m\,(\vec{a}\,\vec{b}) + n\,(\vec{a}\,\vec{c})$$

$$n = -\,\frac{\vec{a}\,\vec{b}}{\vec{a}\,\vec{c}} \cdot m\,. \tag{11}$$

$$(10),\ (11) \implies n = -\,(\vec{a}\,\vec{b})\,. \tag{12}$$

$$(6),\ (10),\ (12) \implies$$
$$\vec{a} \times (\vec{b} \times \vec{c}) = (\vec{a}\,\vec{c})\,\vec{b} - (\vec{a}\,\vec{b})\,\vec{c}\,. \tag{13}$$

(Weitere Beweismöglichkeiten für Sonderfälle und allgemeinen Fall siehe 6.2., Aufgaben 1 - 3).

6.2. Aufgaben

1. Weise die Gültigkeit des Entwicklungssatzes (vgl. 6.1.1, Gl. (5))
nach für die dort ausgeschlossenen Sonderfälle
a) $\vec{a} = \vec{o}$ (oder $\vec{b} = \vec{o}$, oder $\vec{c} = \vec{o}$)
b) $\vec{b} \parallel \vec{c}$
c) $\vec{a} \parallel \vec{b} \times \vec{c}$ (d. h. $\vec{a}$ gleichzeitig $\perp \vec{b}$ und $\perp \vec{c}$).

2. Beweise den Entwicklungssatz für den speziellen Fall $\vec{x} = \vec{a} \times (\vec{a} \times \vec{b})$.

   Anleitung: Setze $\vec{a} \times (\vec{a} \times \vec{b}) = m\,\vec{a} + n\,\vec{b}$ (14). Multipliziere (14)
   erst skalar mit $\vec{a}$, dann mit $\vec{b}$ und forme die zweite dieser Glei-
   chungen nach 5.2.3 und 4.2.8 um. Löse die so entstandenen
   linearen Gleichungen zwischen m und n. Welche Sonderfälle sind
   auszuschließen (keine Division durch Null)?

3. Beweise den Entwicklungssatz unter Benützung des Ergebnisses von
   6.2.2 für den allgemeinen Fall $\vec{x} = \vec{a} \times (\vec{b} \times \vec{c})$.

   Anleitung: Setze $\vec{a} \times (\vec{b} \times \vec{c}) = m\,\vec{b} + n\,\vec{c}$ (15). Multipliziere (15)
   skalar mit $(\vec{a} \times \vec{b})$. Wende auf die linke Seite den Vertauschungs-
   satz für Spatprodukte an und forme weiter um mit Hilfe der in
   6.2.2 gewonnenen Beziehung $\vec{a} \times (\vec{a} \times \vec{b}) = (\vec{a}\,\vec{b})\,\vec{a} - a^2\vec{b}$. Das ergibt
   eine Gleichung für n. Berechnung von m mit Hilfe von 6.1.2,
   Gl. (11). Welche Sonderfälle sind auszuschließen?

4. Beweise den Entwicklungssatz

   $$\vec{a} \times \vec{d} = m\,\vec{b} + n\,\vec{c} \quad (16) \quad \text{mit } \vec{d} = \vec{b} \times \vec{c}$$

   auf folgende Weise:

   a) Multipliziere (16) skalar mit $\vec{b} \times \vec{d}$. Zeige, daß dies auf

   $$\vec{a} \cdot (\vec{d} \times (\vec{b} \times \vec{d})) = -n \cdot d^2 \quad (17) \quad \text{führt.}$$

   b) Weise anhand von Bild 61 anschaulich nach, daß folgende Beziehungen gelten:

   $$\vec{d} \times (\vec{b} \times \vec{d}) \uparrow\uparrow \vec{b} \quad \text{und} \quad |\vec{d} \times (\vec{b} \times \vec{d})| = d^2 \cdot \vec{b}, \text{ folglich}$$

   $$\vec{d} \times (\vec{b} \times \vec{d}) = d^2 \cdot \vec{b}. \tag{18}$$

   c) Bestimme n mit Hilfe von (17) und (18), m mit Hilfe von
   6.1.2, Gl. (11).

5. Zeige, daß eine Gleichung der Form $\vec{a} \times (\vec{b} \times \vec{c}) = (\vec{a} \times \vec{b}) \times \vec{c}$ für drei
   von $\vec{o}$ verschiedene Vektoren $\vec{a}$, $\vec{b}$, $\vec{c}$ dann und nur dann bestehen kann,
   wenn die beiden Vektoren $\vec{a}$ und $\vec{c}$ kollinear sind.

   Anleitung: Entwickle beide Seiten nach dem Entwicklungssatz.

6.3. Beispiel zum praktischen Rechnen

Berechne das Spatprodukt $[\vec{a}\,\vec{b}\,\vec{c}]$ aus den Beträgen und Winkeln der erzeugenden Vektoren.

Aus dem Entwicklungssatz folgt durch Quadrieren

$$(\vec{a}\times(\vec{b}\times\vec{c}))^2 = (\vec{a}\,\vec{c})^2\vec{b}^2 + (\vec{a}\,\vec{b})^2\vec{c}^2 - 2\,(\vec{a}\,\vec{b})(\vec{b}\,\vec{c})(\vec{c}\,\vec{a}). \tag{14}$$

Linke Seite nach 4. 2. 8. umgeformt

$$\begin{aligned}(\vec{a}\times(\vec{b}\times\vec{c}))^2 &= \vec{a}^2(\vec{b}\times\vec{c})^2 - [\vec{a}\,\vec{b}\,\vec{c}]^2 \\ &= \vec{a}^2(\vec{b}^2\,\vec{c}^2 - (\vec{b}\,\vec{c})^2) - [\vec{a}\,\vec{b}\,\vec{c}]^2 \\ &= \vec{a}^2\,\vec{b}^2\,\vec{c}^2 - \vec{a}^2(\vec{b}\,\vec{c})^2 - [\vec{a}\,\vec{b}\,\vec{c}]^2 .\end{aligned}$$

Aus (14) folgt damit, nach $[\vec{a}\,\vec{b}\,\vec{c}]^2$ aufgelöst

$$[\vec{a}\,\vec{b}\,\vec{c}]^2 = \vec{a}^2\,\vec{b}^2\,\vec{c}^2 - \vec{c}^2(\vec{a}\,\vec{b})^2 - \vec{a}^2(\vec{b}\,\vec{c})^2 - \vec{b}^2(\vec{c}\,\vec{a})^2 + 2(\vec{a}\,\vec{b})(\vec{b}\,\vec{c})(\vec{c}\,\vec{a}). \tag{15}$$

Zur numerischen Berechnung geht man zweckmäßig durch den Ansatz $\vec{a} = a\cdot\vec{a}^{\,o}$ usw. zu den Einheitsvektoren $\vec{a}^{\,o}$, $\vec{b}^{\,o}$, $\vec{c}^{\,o}$ über. Es wird dann

$$[\vec{a}\,\vec{b}\,\vec{c}]^2 = a^2 b^2 c^2 (1 - (\vec{a}^{\,o}\,\vec{b}^{\,o})^2 - (\vec{b}^{\,o}\,\vec{c}^{\,o})^2 - (\vec{c}^{\,o}\,\vec{a}^{\,o})^2 + 2(\vec{a}^{\,o}\,\vec{b}^{\,o})(\vec{b}^{\,o}\,\vec{c}^{\,o})(\vec{c}^{\,o}\,\vec{a}^{\,o})).$$

$$\tag{15}$$

Das Vorzeichen des Spatprodukts ist durch (15) noch nicht bestimmt. Es folgt aus der zur Eindeutigkeit notwendigen Angabe, ob $(\vec{a},\ \vec{b},\ \vec{c})$ ein Rechtssystem oder ein Linkssystem ist (vgl. 5. 2. 2).

7. Komponentenzerlegung nach drei Grundvektoren

Nach 2.2.10 läßt sich ein Vektor $\vec{v}$ nach der linear unabhängigen Basis $\vec{a}, \vec{b}, \vec{c}$ zerlegen in der Form $\vec{v} = m\,\vec{a} + n\,\vec{b} + p\,\vec{c}$. Beim praktischen Rechnen wird zweckmäßig eine Basis mit drei Einheitsvektoren $\vec{e}_1, \vec{e}_2, \vec{e}_3$ gewählt ($|\vec{e}_1| = |\vec{e}_2| = |\vec{e}_3| = 1$). Dann ist

$$\vec{v} = m\,\vec{e}_1 + n\,\vec{e}_2 + p\,\vec{e}_3 , \tag{1'}$$

und nach 5.4., Gl. (4) ist

$$\vec{v} = \frac{[\vec{v}\,\vec{e}_2\,\vec{e}_3]}{[\vec{e}_1\,\vec{e}_2\,\vec{e}_3]}\,\vec{e}_1 + \frac{[\vec{v}\,\vec{e}_3\,\vec{e}_1]}{[\vec{e}_1\,\vec{e}_2\,\vec{e}_3]}\,\vec{e}_2 + \frac{[\vec{v}\,\vec{e}_1\,\vec{e}_2]}{[\vec{e}_1\,\vec{e}_2\,\vec{e}_3]}\,\vec{e}_3 . \tag{1}$$

7.1. Die numerische Berechnung der Komponenten

Die Basisvektoren $\vec{e}_1, \vec{e}_2, \vec{e}_3$ sind eindeutig festgelegt durch die Winkel, die sie paarweise bilden, und die Angabe, ob $\vec{e}_1, \vec{e}_2, \vec{e}_3$ ein Rechts- oder Linkssystem erzeugen (vgl. 9.1). Der Vektor $\vec{v}$ sei in diesem System bestimmt durch seinen Betrag, durch die Winkel mit zweien der Grundvektoren (z.B. durch $\angle(\vec{v}, \vec{e}_1)$ und $\angle(\vec{v}, \vec{e}_2)$) und durch die Angabe, ob $\vec{v}, \vec{e}_1, \vec{e}_2$ ein Rechts- oder Linkssystem ist.

Man zerlegt zweckmäßig erst den Einheitsvektor $v^0 = \dfrac{\vec{v}}{|\vec{v}|}$. Es wird

$$\vec{v}^0 = m_1\vec{e}_1 + m_2\vec{e}_2 + m_3\vec{e}_3 \tag{2}$$

mit

$$m_1 = \frac{[\vec{v}^0\,\vec{e}_2\,\vec{e}_3]}{[\vec{e}_1\,\vec{e}_2\,\vec{e}_3]} , \qquad m_2 = \frac{[\vec{v}^0\,\vec{e}_3\,\vec{e}_1]}{[\vec{e}_1\,\vec{e}_2\,\vec{e}_3]} , \qquad m_3 = \frac{[\vec{v}^0\,\vec{e}_1\,\vec{e}_2]}{[\vec{e}_1\,\vec{e}_2\,\vec{e}_3]} .$$

Von den in (2) auftretenden Spatprodukten können $[\vec{e}_1\,\vec{e}_2\,\vec{e}_3]$ und $[\vec{v}^0\,\vec{e}_1\,\vec{e}_2]$ nach 6.3 unmittelbar berechnet werden. Dadurch ist m_3 bestimmt. Um m_1 und m_2 zu berechnen, multipliziert man (2) erst skalar mit $\vec{e}_1$, dann mit $\vec{e}_2$:

$$(\vec{v}^0\,\vec{e}_1) = m_1 + m_2 \cdot (\vec{e}_1\,\vec{e}_2) + m_3 \cdot (\vec{e}_1\,\vec{e}_3) \tag{3'}$$

$$(\vec{v}^0\,\vec{e}_2) = m_1 \cdot (\vec{e}_1\,\vec{e}_2) + m_2 + m_3 \cdot (\vec{e}_2\,\vec{e}_3). \tag{3''}$$

Das sind zwei lineare Gleichungen in m_1 und m_2, bei denen alle auftretenden Skalarprodukte, sowie die Zahl m_3 bekannt sind. m_1 und m_2 sind die Lösungen dieses Gleichungssystems.
(Über die Determination bezüglich der Lage der Basisvektoren $\vec{e}_1, \vec{e}_2, \vec{e}_3$ und des Vektors $\vec{v}^0$ siehe 9.1.)

7.2. Aufgaben

1. Welche Darstellung ergibt sich aus (1), wenn $\vec{v}$ nach drei paarweise aufeinander senkrechten Einheitsvektoren $\vec{e}_1$, $\vec{e}_2$, $\vec{e}_3$ mit $[\vec{e}_1\,\vec{e}_2\,\vec{e}_3] > 0$ zerlegt wird?

2. Zerlege die Vektorprodukte $\vec{e}_1 \times \vec{e}_2$, $\vec{e}_2 \times \vec{e}_3$, $\vec{e}_3 \times \vec{e}_1$ in ihre Komponenten nach der Basis $\vec{e}_1$, $\vec{e}_2$, $\vec{e}_3$ mit $[\vec{e}_1\,\vec{e}_2\,\vec{e}_3] > 0$.

> Anleitung: Benütze 7.1, Gl. (1) mit $\vec{v} = \vec{e}_1 \times \vec{e}_2$ usw.; beachte ferner die Beziehung $[(\vec{e}_1 \times \vec{e}_2)\,\vec{e}_2\,\vec{e}_3] = [\vec{e}_3\,(\vec{e}_1 \times \vec{e}_2)\,\vec{e}_2] = (\vec{e}_3 \times (\vec{e}_1 \times \vec{e}_2))\,\vec{e}_2$ in Verbindung mit dem Entwicklungssatz in 6.1.1.

7.3. Beispiel zum praktischen Rechnen

Der Einheitsvektor $\vec{v}^0$ ist auf die Basis aus den drei linear unabhängigen Einheitsvektoren $\vec{e}_1$, $\vec{e}_2$, $\vec{e}_3$ bezogen. Man kennt die folgenden Winkel:

$\sphericalangle(\vec{e}_1, \vec{e}_2) = 60^0$; $\sphericalangle(\vec{e}_2, \vec{e}_3) = 120^0$; $\sphericalangle(\vec{e}_3, \vec{e}_1) = 90^0$; $\sphericalangle(\vec{v}^0, \vec{e}_1) = 45^0$;

$\sphericalangle(\vec{v}^0, \vec{e}_2) = 30^0$; außerdem ist bekannt, daß $[\vec{e}_1\,\vec{e}_2\,\vec{e}_3] > 0$ und

$[\vec{v}^0\,\vec{e}_1\,\vec{e}_2] > 0$ ist. Bestimme den Winkel zwischen $\vec{v}^0$ und $\vec{e}_3$.

Nach 7.1. wird $\vec{v}^0$ in seine Komponenten bezüglich der Basis $\vec{e}_1$, $\vec{e}_2$, $\vec{e}_3$ zerlegt. Mit Hilfe dieser Darstellung gewinnt man dann $\sphericalangle(\vec{v}^0, \vec{e}_3)$.

Es ist

$$\vec{e}_1\,\vec{e}_2 = \frac{1}{2}; \quad \vec{e}_2\,\vec{e}_3 = -\frac{1}{2}; \quad \vec{e}_3\,\vec{e}_1 = 0; \quad \vec{v}^0\,\vec{e}_1 = \frac{1}{2}\sqrt{2}; \quad \vec{v}^0\,\vec{e}_2 = \frac{1}{2}\sqrt{3}.$$

Nach 6.3., Gl. (15) wird

$$[\vec{e}_1\,\vec{e}_2\,\vec{e}_3]^2 = 1 - \frac{1}{4} - \frac{1}{4} - 0 + 2\cdot\frac{1}{2}\cdot(-\frac{1}{2})\cdot 0 = \frac{1}{2}; \quad [\vec{e}_1\,\vec{e}_2\,\vec{e}_3] = +\frac{1}{2}\cdot\sqrt{2}.$$

$$[\vec{v}^0\,\vec{e}_1\,\vec{e}_2]^2 = 1 - \frac{1}{2} - \frac{1}{4} - \frac{3}{4} + 2\cdot(\frac{1}{2}\sqrt{2})\cdot\frac{1}{2}\cdot\frac{1}{2}\sqrt{3} = \frac{1}{4}\sqrt{6} - \frac{1}{2};$$

$$[\vec{v}^0\,\vec{e}_1\,\vec{e}_2] = +\frac{1}{2}\sqrt{\sqrt{6} - 2}.$$

Im Ansatz (2) in 7.1. wird

$$m_3 = \frac{[\vec{v}^0\,\vec{e}_1\,\vec{e}_2]}{[\vec{e}_1\,\vec{e}_2\,\vec{e}_3]} = \sqrt{\frac{1}{2}(\sqrt{6} - 2)} \approx 0{,}474. \tag{4'}$$

Aus 7.1., Gl. (3') und (3'') folgt

$$\frac{1}{2}\sqrt{2} = m_1 + \frac{1}{2} m_2 + 0 \qquad\qquad\qquad (4'')$$

$$\frac{1}{2}\sqrt{3} = \frac{1}{2} m_1 + m_2 - \frac{1}{2} m_3 . \qquad\qquad\qquad (4''')$$

Die Auflösung von (4'') und (4''') ergibt mit (4')

$$m_1 = \frac{1}{3}(2\sqrt{2} - \sqrt{3} - m_3) \approx 0,207$$

$$m_2 = \frac{1}{3}(2\sqrt{3} - \sqrt{2} + 2m_3) \approx 0,999 .$$

Somit ist

$$\vec{v}^{\,0} \approx 0,207\,\vec{e}_1 + 0,999\,\vec{e}_2 + 0,474\,\vec{e}_3 . \qquad\qquad (5)$$

(Zur Probe kann man $\vec{v}^{\,0}\vec{e}_1$ und $\vec{v}^{\,0}\vec{e}_2$ mit Hilfe von (5) bilden. Man findet $\vec{v}^{\,0}\vec{e}_1 \approx 0,707$ und $\vec{v}^{\,0}\vec{e}_2 \approx 0,866$ in Übereinstimmung mit den Eingangswerten. Außerdem folgt aus (5) $|\vec{v}^{\,0}| \approx 1$).

Mit (5) wird dann

$$\cos(\vec{v}^{\,0}, \vec{e}_3) = \vec{v}^{\,0}\vec{e}_3 \approx -0,026; \quad \sphericalangle(\vec{v}^{\,0}, \vec{e}_3) \approx 91,5^{\mathrm{O}} .$$

8. Produkte aus vier und mehr Vektoren

Alle Produkte aus vier und mehr Vektoren lassen sich durch Anwendung des Entwicklungssatzes (vgl. 6.1) bzw. des Vertauschungssatzes für Spatprodukte (vgl. 5.2.3) auf Skalar-, Vektor- oder Spatprodukte aus den gegebenen Vektoren zurückführen. Die wichtigsten Formen von Viervektorprodukten sind

8.1.1. Das skalare Produkt $(\vec{a} \times \vec{b}) \cdot (\vec{c} \times \vec{d})$

Mit der Abkürzung $(\vec{c} \times \vec{d}) = \vec{u}$ wird nach 5.2.3 und 6.1, Gl. (5)

$$(\vec{a} \times \vec{b})\vec{u} = \vec{a}(\vec{b} \times \vec{u}) = \vec{a}(\vec{b} \times (\vec{c} \times \vec{d})) = \vec{a}((\vec{b}\vec{d})\vec{c} - (\vec{b}\vec{c})\vec{d}),$$

somit

$$(\vec{a} \times \vec{b}) \cdot (\vec{c} \times \vec{d}) = (\vec{a}\,\vec{c})(\vec{b}\,\vec{d}) - (\vec{b}\,\vec{c})(\vec{a}\,\vec{d}). \tag{1}$$

8.1.2. Das vektorielle Produkt $(\vec{a} \times \vec{b}) \times (\vec{c} \times \vec{d})$

Dieses Produkt kann auf zwei Arten umgeformt werden:
Setzt man $(\vec{a} \times \vec{b}) = \vec{v}$, so wird nach 6.1, Gl. (5)

$$\vec{v} \times (\vec{c} \times \vec{d}) = (\vec{v}\,\vec{d})\,\vec{c} - (\vec{v}\,\vec{c})\,\vec{d},$$

somit nach 5.2.3, Gl. (2)

$$(\vec{a} \times \vec{b}) \times (\vec{c} \times \vec{d}) = [\vec{a}\,\vec{b}\,\vec{d}]\,\vec{c} - [\vec{a}\,\vec{b}\,\vec{c}]\,\vec{d}. \tag{2}$$

Setzt man $(\vec{c} \times \vec{d}) = \vec{w}$, so wird

$$(\vec{a} \times \vec{b}) \times \vec{w} = -\vec{w} \times (\vec{a} \times \vec{b}) = -(\vec{w}\,\vec{b})\,\vec{a} + (\vec{w}\,\vec{a}) \cdot \vec{b},$$

somit

$$(\vec{a} \times \vec{b}) \times (\vec{c} \times \vec{d}) = [\vec{a}\,\vec{c}\,\vec{d}]\,\vec{b} - [\vec{b}\,\vec{c}\,\vec{d}]\,\vec{a}. \tag{3}$$

Die Ausdrücke (2) und (3) stellen eine Identität dar.

> Anmerkung: Mit Hilfe von passenden Viervektorprodukten und ihren Entwicklungen nach 8.1.1. und 8.1.2. lassen sich insbesondere die Beziehungen zwischen den Winkeln dreier Vektoren und denen ihrer Ebenen rechnerisch untersuchen (vgl. die Grundlagen der Kugelgeometrie in 9).

8.2. Aufgaben

1. Untersuche alle sinnvollen Produktverknüpfungen von vier Vektoren $\vec{a}$, $\vec{b}$, $\vec{c}$, $\vec{d}$ in dieser Reihenfolge. Achte auf die Gliederung durch Klammern.

2. Leite nach 8.1.2 die in 4.4.1 , Gl. (16) angegebene Identität her.

3. Welche Richtung hat der Vektor $(\vec{a} \times \vec{b}) \times (\vec{b} \times \vec{c})$? Was folgt entsprechend für $(\vec{b} \times \vec{c}) \times (\vec{c} \times \vec{a})$ und $(\vec{c} \times \vec{a}) \times (\vec{a} \times \vec{b})$? Wie hängt das Ergebnis von der Orientierung der Vektoren $\vec{a}$, $\vec{b}$, $\vec{c}$ nach Rechts- oder Linkssystem ab?

4. Führe das Spatprodukt $[(\vec{a} \times \vec{b})\,(\vec{b} \times \vec{c})\,(\vec{c} \times \vec{a})]$ auf ein Spatprodukt mit den Vektoren $\vec{a}$, $\vec{b}$, $\vec{c}$ allein zurück. Untersuche die beiden Möglichkeiten $[\vec{a}\,\vec{b}\,\vec{c}] > 0$ und $[\vec{a}\,\vec{b}\,\vec{c}] < 0$.

   Anleitung: Schreibe $[(\vec{a} \times \vec{b})\,(\vec{b} \times \vec{c})\,(\vec{c} \times \vec{a})] = ((\vec{a} \times \vec{b}) \times (\vec{b} \times \vec{c})) \cdot (\vec{c} \times \vec{a})$ und entwickle nach 8.1.2.

9. Die Beziehungen zwischen den Winkeln dreier Vektoren und den Winkeln ihrer Ebenen

Die Grundlage für die folgenden Untersuchungen bildet das Tetraeder $(O; \vec{a}, \vec{b}, \vec{c})$. Da die Beträge der Vektoren $\vec{a}, \vec{b}, \vec{c}$ keinen Einfluß auf die Beziehungen zwischen deren Winkeln haben, darf man ohne Beschränkung der Allgemeinheit mit den Einheitsvektoren $\vec{a}^o, \vec{b}^o, \vec{c}^o$ arbeiten.

9.1. Der Aufbau des Tetraeders $(O; \vec{a}^o, \vec{b}^o, \vec{c}^o)$ aus den Winkeln der Grundvektoren

Die Vektoren $\vec{c}^o$, die mit dem Vektor $\overrightarrow{OA} = \vec{a}^o$ den festen Winkel $(\vec{c}^o, \vec{a}^o) = \varphi$ bilden, bestimmen nach Bild 62 einen senkrechten Kreiskegel mit der Spitze O, der Achse $\vec{a}^o$ und dem erzeugenden Winkel φ (Ortskegel $O; \vec{a}^o, \varphi$). Soll $\vec{c}^o$ außerdem mit $\overrightarrow{OB} = \vec{b}^o$ den Winkel $(\vec{b}^o, \vec{c}^o) = \epsilon$ einschließen, so muß $\vec{c}^o$ auch auf dem Ortskegel $(O; \vec{b}^o, \epsilon)$ liegen. Durchdringen sich die beiden Ortskegel nach Bild 63, so entsteht der Vektor $\vec{c}^o$ mit seinem Spiegelbild $\vec{c}^{o'}$ bezüglich der Ebene $E(\vec{a}^o, \vec{b}^o)$. Das Tetraeder $(O; \vec{a}^o, \vec{b}^o, \vec{c}^o)$ ist erst eindeutig bestimmt durch die Angabe, ob die Vektoren $\vec{a}^o, \vec{b}^o, \vec{c}^o$ ein Rechts- oder Linkssystem bilden sollen.

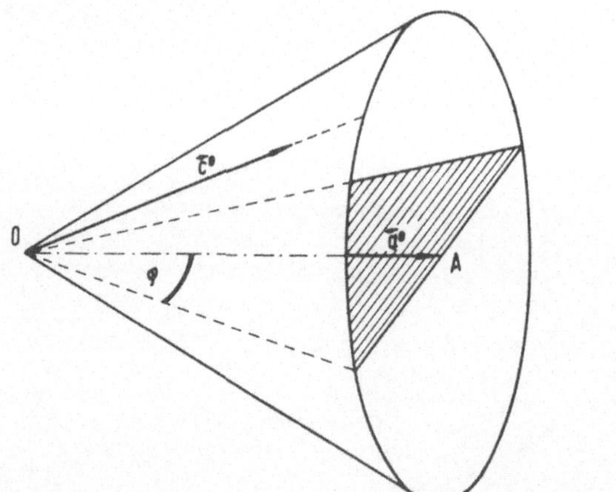

Bild 62

Meiden sich nach Bild 64a die Ortskegel $(O; \vec{a}^o, \varphi)$ und $(O; \vec{b}^o, \epsilon)$ oder liegen sie nach Bild 64b ineinander, so existiert kein Vektor $\vec{c}^o$ mit den verlangten Eigenschaften. Ist $\sphericalangle(\vec{a}^o, \vec{b}^o) = \delta$, so folgt aus Bild 64a $\varphi + \epsilon < \delta$, aus Bild 64b $\delta + \epsilon < \varphi$. Im Sonderfall $\varphi + \epsilon = \delta$ bzw. $\delta + \epsilon = \varphi$ entsteht genau ein Vektor $\vec{c}^o$, der komplanar ist mit $\vec{a}^o$ und $\vec{b}^o$. Da die Vektoren $\vec{a}^o, \vec{b}^o, \vec{c}^o$ in der obigen Untersuchung zyklisch vertauschbar sind, läßt sich das Ergebnis zusammenfassen in dem

 Im Tetraeder $(O; \vec{a}^0, \vec{b}^0, \vec{c}^0)$ gilt stets die Ungleichung

$$\sphericalangle(\vec{a}^0, \vec{b}^0) + \sphericalangle(\vec{b}^0, \vec{c}^0) > \sphericalangle(\vec{c}^0, \vec{a}^0) \qquad (1')$$

mit zyklischer Vertauschbarkeit der Grundvektoren.

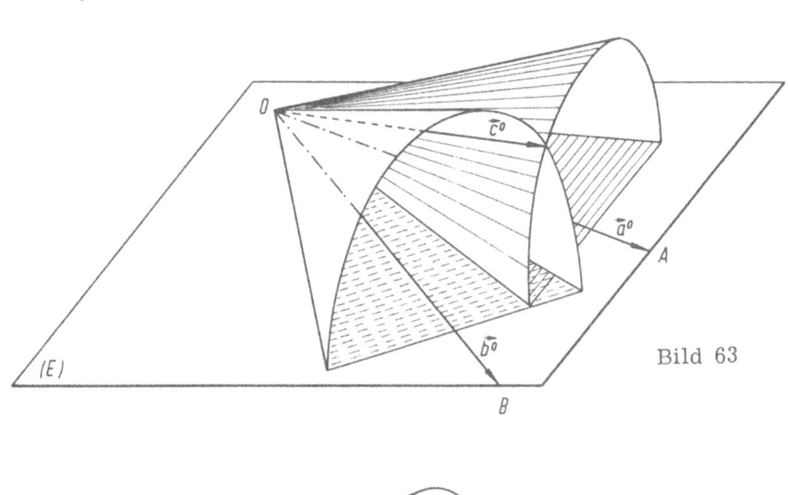

Bild 63

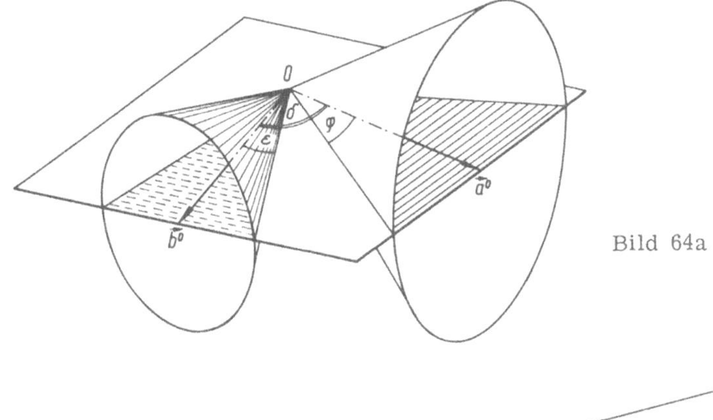

Bild 64a

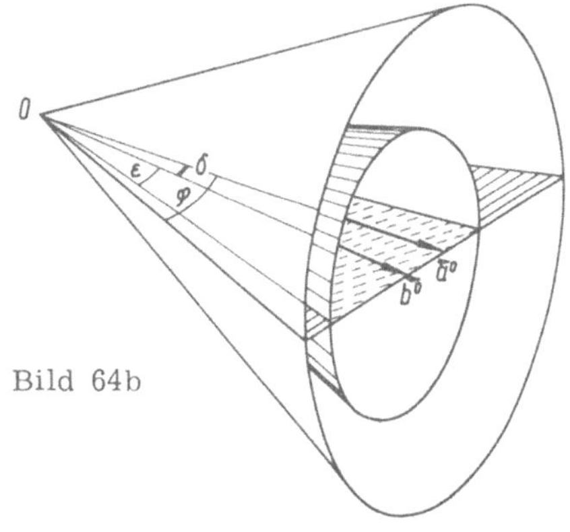

Bild 64b

9.2. Die Berechnung des Kugeldreiecks

9.2.1. Das Kugeldreieck

Die Endpunkte A, B, C der in O angesetzten erzeugenden Vektoren $\vec{a}^O$, $\vec{b}^O$, $\vec{c}^O$ des Tetraeders (O; $\vec{a}^O$, $\vec{b}^O$, $\vec{c}^O$) liegen auf einer Kugel um O vom Radius 1. Die Großkreisbögen $\widehat{AB}$, $\widehat{BC}$ und $\widehat{CA}$, die durch die Ebenen OAB, OBC und OCA ausgeschnitten werden, sind ein Maß für die Winkel ($\vec{a}^O$, $\vec{b}^O$), ($\vec{b}^O$, $\vec{c}^O$) und ($\vec{c}^O$, $\vec{a}^O$) der Grundvektoren (Bild 65). Diese Kreisbögen heißen die Seiten c, a und b des Kugeldreiecks ABC. Sie werden durch den zugehörigen Mittelpunktswinkel im Gradmaß gemessen (z. B. c = 72°, usw.).

Die Winkel zwischen den Ebenen ($\vec{a}^O$, $\vec{b}^O$), ($\vec{b}^O$, $\vec{c}^O$) und ($\vec{c}^O$, $\vec{a}^O$), also die Winkel zwischen den Flächenvektoren ($\vec{a}^O \times \vec{b}^O$), ($\vec{b}^O \times \vec{c}^O$) und ($\vec{c}^O \times \vec{a}^O$), treten - unter Berücksichtigung der Orientierung - auf als Außenwinkel β', γ' und α' an den Ecken B, C und A des Kugeldreiecks, z. B. $\sphericalangle\,((\vec{c}^O, \vec{a}^O),\ (\vec{a}^O, \vec{b}^O)) = \alpha'$ in Bild 65. Für die drei Innenwinkel α, β, γ gilt dann $\alpha = 180° - \alpha'$, $\beta = 180° - \beta'$, $\gamma = 180° - \gamma'$.

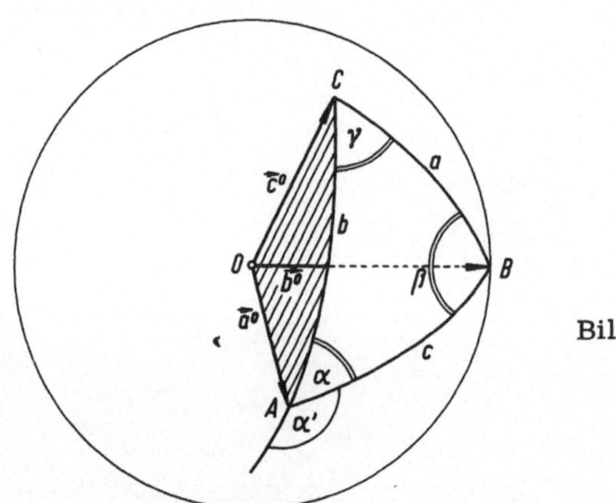

Bild 65

Zusammenstellung der Bezeichnungen:

$\sphericalangle\,(\vec{b}^O, \vec{c}^O) = a;$ $\sphericalangle\,(\vec{c}^O, \vec{a}^O) = b;$ $\sphericalangle\,(\vec{a}^O, \vec{b}^O) = c;$

$\sphericalangle\,((\vec{c}^O, \vec{a}^O),\ (\vec{a}^O, \vec{b}^O)) = \alpha';$ $\sphericalangle\,((\vec{a}^O, \vec{b}^O),\ (\vec{b}^O, \vec{c}^O)) = \beta';$

$\sphericalangle\,((\vec{b}^O, \vec{c}^O),\ (\vec{c}^O, \vec{a}^O)) = \gamma';$

$\alpha' = 180° - \alpha;$ $\beta' = 180° - \beta;$ $\gamma' = 180° - \gamma.$

Anmerkung: Diese Bezeichnungen werden in der Kugelgeometrie (sphärischen Trigonometrie) benützt. Die Schreibweise a, b, c für die Seiten des Kugeldreiecks kann zu keinen Verwechslungen mit der Schreibweise für die Beträge führen, weil nur Einheitsvektoren mit $|\vec{a}^O| = |\vec{b}^O| = |\vec{c}^O| = 1$ in diesem Zusammenhang gebraucht werden.

Die Festsetzung, als Winkel zweier Vektoren immer den Winkel
$\leq 180^0$ anzugeben, wird auch fürs Kugeldreieck übernommen. Die
Seiten des Kugeldreiecks (und nach 9.2.2 auch die Winkel) sind
damit, ihrem Aufbau aus den Grundvektoren $\vec{a}^0$, $\vec{b}^0$, $\vec{c}^0$ entsprechend,
immer $< 180^0$ ("Eulersches Kugeldreieck").

9.2.2. Das Polardreieck

Ein zweites, durch die Grundvektoren $\vec{a}^0$, $\vec{b}^0$, $\vec{c}^0$ bestimmtes Dreieck auf
der Einheitskugel entsteht durch die Endpunkte A^*, B^*, C^* der Flächen-
einheitsvektoren $(\vec{b}^0 \times \vec{c}^0)^0$, $(\vec{c}^0 \times \vec{a}^0)^0$ und $(\vec{a}^0 \times \vec{b}^0)^0$. Das Dreieck A^*, B^*, C^*
heißt das Polardreieck zum Dreieck ABC. Seine Seiten a^*, b^*, c^*
sind - als Winkel der erzeugenden Flächenvektoren $(\vec{c}^0 \times \vec{a}^0)$, $(\vec{a}^0 \times \vec{b}^0)$ und
$(\vec{b}^0 \times \vec{c}^0)$ - gleich den Außenwinkeln α', β', γ' im Grunddreieck. Seine
Außenwinkel $\alpha^{*'}$, $\beta^{*'}$, $\gamma^{*'}$ sind - als Winkel der orientierten Ebenen
$E_1^*((\vec{a}^0 \times \vec{b}^0), (\vec{b}^0 \times \vec{c}^0))$, $\quad E_2^*((\vec{b}^0 \times \vec{c}^0), (\vec{c}^0 \times \vec{a}^0))$, $\quad E_3^*((\vec{c}^0 \times \vec{a}^0), (\vec{a}^0 \times \vec{b}^0))$ -
wegen $\vec{b}^0 \perp E_1^*$, $\vec{c}^0 \perp E_2^*$, $\vec{a}^0 \perp E_3^*$ gleich den Winkeln $(\vec{b}^0, \vec{c}^0)$, $(\vec{c}^0, \vec{a}^0)$
und $(\vec{a}^0, \vec{b}^0)$ und damit gleich den Seiten a, b, c im Grunddreieck. Für
ein Kugeldreieck und sein Polardreieck gilt damit der

Satz. Im Kugeldreieck ABC und dem zugehörigen Polardreieck $A^*B^*C^*$
  sind Seiten und Außenwinkel gerade vertauscht, d.h. die Seiten im
  Kugeldreieck werden zu Außenwinkeln im Polardreieck, und die
  Außenwinkel im Kugeldreieck werden zu Seiten im Polardreieck.

9.2.3. Allgemeine Größenbeziehungen zwischen Seiten bzw. Winkeln im Kugeldreieck

Die Vektoren $\vec{a}^0$, $\vec{b}^0$, $\vec{c}^0$ erzeugen das Kugeldreieck ABC mit den Seiten
c, a, b. Ersetzt man je einen der Grundvektoren durch den entgegen-
gesetzten Vektor, so entstehen die Dreiecke ABC', BCA' und CAB'
(Bild 66 mit $\triangle$ ABC'). Diese Dreiecke haben mit $\triangle$ ABC je eine Seite gemeinsam und heißen Nebendreiecke bezüglich $\triangle$ ABC. Das Nebendreieck ABC' z.B. hat die Seiten c, 180^0 - a, 180^0 - b (Bild 66). Das
Entsprechende (in zyklischer Vertauschung) gilt für die beiden andern
Nebendreiecke. Gleichung (1') in 9.1 führt, in den Bezeichnungen des
Kugeldreiecks geschrieben, auf

Satz 1. Im Kugeldreieck ist jede Seite kleiner als die Summe der beiden
  andern; $c < a + b$ (1)
  und zyklisch vertauscht.

(1) angewandt aufs Nebendreieck ABC' ergibt $c < (180^0 - a) + (180^0 - b)$
oder $a + b + c < 360^0$. Daraus folgt

Satz 2. Die Seitensumme im Kugeldreieck liegt zwischen 0^0 und 360^0.

$$0^0 < a + b + c < 360^0 . \tag{2}$$

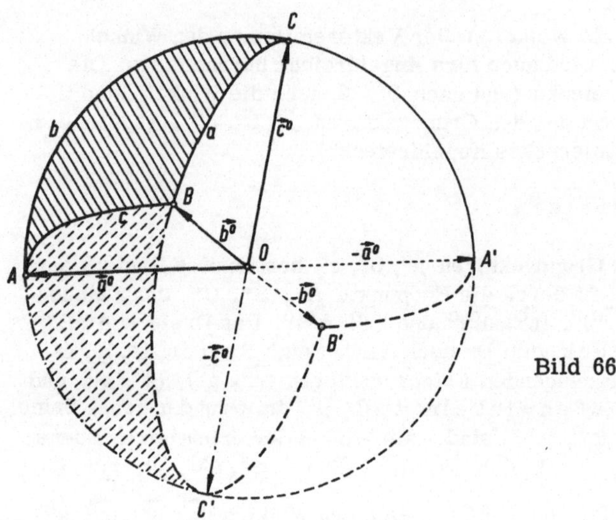

Bild 66

Im Polardreieck bezüglich $\triangle ABC$ ist $c^* = 180^0 - \gamma$, $a^* = 180^0 - \alpha$, $b^* = 180^0 - \beta$. (1) angewandt aufs Polardreieck $A^* B^* C^*$ ergibt

$$180^0 - \gamma < (180^0 - \alpha) + (180^0 - \beta).$$

Daraus folgt

Satz 3. Wird die Summe zweier Winkel eines Kugeldreiecks um den dritten Winkel vermindert, so ist die Differenz kleiner als 180^0.

$$(\alpha + \beta) - \gamma < 180^0 \tag{3}$$

und zyklisch vertauscht.

(2) aufs Polardreieck angewandt ergibt

$$(180^0 - \alpha) + (180^0 - \beta) + (180^0 - \gamma) < 360^0 \text{ oder } \alpha + \beta + \gamma > 180^0. \tag{4'}$$

Ferner ist trivialerweise

$$0^0 < (180^0 - \alpha) + (180^0 - \beta) + (180^0 - \gamma) \quad \text{oder } \alpha + \beta + \gamma < 540^0. \tag{4''}$$

Satz 4. Die Winkelsumme im Kugeldreieck liegt zwischen 180^0 und 540^0.

$$180^0 < \alpha + \beta + \gamma < 540^0. \tag{4}$$

Zwei Seiten und die gegenüberliegenden Winkel lassen sich ebenfalls durch eine allgemeine Größenbeziehung miteinander verbinden: Im Dreieck ABC sei $a > b$. Wir tragen auf $\overset{\frown}{CB} = a$ die Seite $\overset{\frown}{CB_1} = b$ ab. $\triangle AB_1C$ ist dann gleichschenklig (Bild 67). Beim Übergang von $\triangle AB_1C$ zu $\triangle ABC$ wird die Ebene OAB_1 um die Achse $\overrightarrow{OA}$ mit dem Winkel $\bar{\alpha}$ gedreht. Im Teildreieck ABB_1 ist dann $\bar{\alpha} = \alpha - \alpha_1$ und $\bar{\gamma} = 180^0 - \alpha_1$. Satz 3, angewandt auf dieses Teildreieck, ergibt

$$(\beta + \bar{\gamma}) - \bar{\alpha} < 180^0 \qquad \text{oder} \qquad \beta + (180^0 - \alpha_1) - (\alpha - \alpha_1) < 180^0.$$

72

Daraus folgt $\beta - \alpha < 0$, somit $\beta < \alpha$.

S a t z 5. Im Kugeldreieck liegt der größeren Seite der größere Winkel
gegenüber.

$$b < a \Rightarrow \beta < \alpha \tag{5}$$

und zyklisch vertauscht.

(Zur Umkehrung von Satz 5 vgl. 9.4.4.)

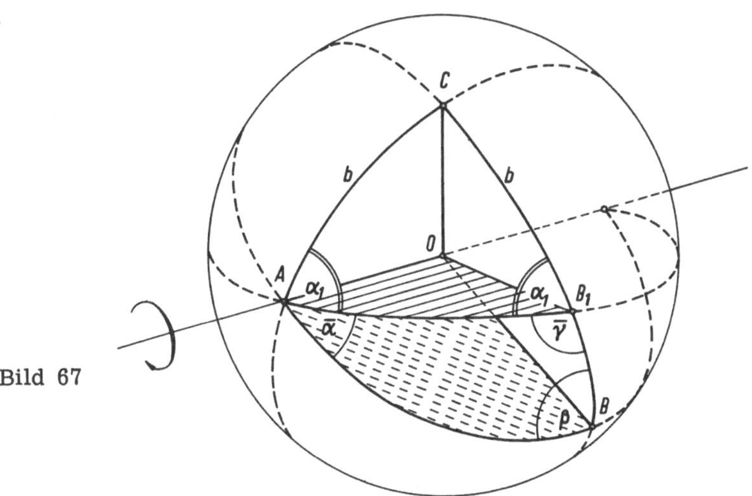

Bild 67

9.2.4. Sätze zur Berechnung des Kugeldreiecks

Wendet man die Viervektorprodukte in 8.1.1 und 8.1.2 in geeigneter
Form auf die Grundvektoren $\vec{a}^0$, $\vec{b}^0$, $\vec{c}^0$ an, so gewinnt man trigonometrische
Gleichungen für die Seiten und Winkel des Kugeldreiecks. Mit den Bezeich-
nungen von 9.2.1 ist

$$(\vec{a}^0\vec{b}^0) = \cos c; \quad (\vec{b}^0\vec{c}^0) = \cos a; \quad (\vec{c}^0\vec{a}^0) = \cos b;$$

$$|\vec{a}^0 \times \vec{b}^0| = \sin c; \quad |\vec{b}^0 \times \vec{c}^0| = \sin a; \quad |\vec{c}^0 \times \vec{a}^0| = \sin b;$$

$$\sphericalangle((\vec{b}^0 \times \vec{c}^0),(\vec{c}^0 \times \vec{a}^0)) = \gamma'; \quad \sphericalangle((\vec{c}^0 \times \vec{a}^0),(\vec{a}^0 \times \vec{b}^0)) = \alpha'; \quad \sphericalangle((\vec{a}^0 \times \vec{b}^0),(\vec{b}^0 \times \vec{c}^0)) = \beta'.$$

a) Der Seitenkosinussatz

Nach 8.1.1 , Gl. (1) ist

$$(\vec{c}^0 \times \vec{a}^0)(\vec{a}^0 \times \vec{b}^0) = (\vec{c}^0\vec{a}^0)(\vec{a}^0\vec{b}^0) - (\vec{a}^0)^2(\vec{b}^0\vec{c}^0)$$

oder

$$\sin b \cdot \sin c \cdot \cos \alpha' = \cos b \cdot \cos c - \cos a.$$

Mit

$$\cos \alpha' = \cos (180^\circ - \alpha) = - \cos \alpha$$

wird daraus

$$\cos a = \cos b \cdot \cos c + \sin b \cdot \sin c \cdot \cos \alpha \qquad (6')$$

und zyklisch vertauscht

$$\cos b = \cos c \cdot \cos a + \sin c \cdot \sin a \cdot \cos \beta \qquad (6'')$$
$$\cos c = \cos a \cdot \cos b + \sin a \cdot \sin b \cdot \cos \gamma . \qquad (6''')$$

Diese drei Gleichungen werden zusammengefaßt unter dem Namen "Seiten-kosinussatz der sphärischen Trigonometrie". Er verbindet die drei Seiten des Kugeldreiecks mit einem Winkel.

b) Der Sinussatz

Nach 8.1.2, Gl. (2) wird

$$(\vec{c}^{\,0} \times \vec{a}^{\,0}) \times (\vec{a}^{\,0} \times \vec{b}^{\,0}) = [\vec{c}^{\,0} \, \vec{a}^{\,0} \, \vec{b}^{\,0}] \, \vec{a}^{\,0} .$$

Geht man zu den Beträgen über, so folgt daraus

$$\sin b \cdot \sin c \cdot \sin \alpha' = \|[\vec{a}^{\,0} \, \vec{b}^{\,0} \, \vec{c}^{\,0}]\|$$

und zyklisch vertauscht

$$\sin c \cdot \sin a \cdot \sin \beta' = \|[\vec{a}^{\,0} \, \vec{b}^{\,0} \, \vec{c}^{\,0}]\|$$
$$\sin a \cdot \sin b \cdot \sin \gamma' = \|[\vec{a}^{\,0} \, \vec{b}^{\,0} \, \vec{c}^{\,0}]\| .$$

Mit $\sin \alpha' = \sin (180^\circ - \alpha) = \sin \alpha$ usw. folgt aus diesen Gleichungen

$$\sin b \cdot \sin c \cdot \sin \alpha = \sin c \cdot \sin a \, \sin \beta = \sin a \cdot \sin b \cdot \sin \gamma$$

oder

$$\sin a : \sin b = \sin \alpha : \sin \beta ; \qquad \sin b : \sin c = \sin \beta : \sin \gamma ;$$
$$\sin c : \sin a = \sin \gamma : \sin \alpha .$$

Das läßt sich in fortlaufender Proportion schreiben als

$$\sin a : \sin b : \sin c = \sin \alpha : \sin \beta : \sin \gamma . \qquad (7)$$

Das ist der "Sinussatz der sphärischen Trigonometrie". Er verbindet zwei Seiten des Kugeldreiecks mit ihren gegenüberliegenden Winkeln.

c) Der Winkelkosinussatz

Wendet man den Seitenkosinussatz (vgl. 9.2.4, Gl. (6)) auf die Seiten des Polardreiecks an, das dem Grunddreieck ABC zugeordnet ist, so wird in den Bezeichnungen von 9.2.2.

$$\cos a^* = \cos b^* \cdot \cos c^* + \sin b^* \cdot \sin c^* \cdot \cos \alpha^* ,$$

und durch Übergang zu den Größen im Grunddreieck nach 9.2.2 (Satz)

$$\cos \alpha' = \cos \beta' \cdot \cos \gamma' + \sin \beta' \cdot \sin \gamma' \cdot \cos a' .$$

Mit $\alpha' = 180^O - \alpha$, $\beta' = 180^O - \beta$, $\gamma' = 180^O - \gamma$, $a' = 180^O - a$ folgt

$$\cos \alpha = - \cos \beta \cdot \cos \gamma + \sin \beta \cdot \sin \gamma \cdot \cos a \qquad (8')$$

und zyklisch vertauscht

$$\cos \beta = - \cos \gamma \cdot \cos \alpha + \sin \gamma \cdot \sin \alpha \cdot \cos b \qquad (8'')$$
$$\cos \gamma = - \cos \alpha \cdot \cos \beta + \sin \alpha \cdot \sin \beta \cdot \cos c . \qquad (8''')$$

Diese drei Gleichungen werden als "Winkelkosinussatz der sphärischen Trigonometrie" bezeichnet. Der Satz verbindet die drei Winkel im Kugeldreieck mit einer der drei Seiten.

9.2.5. Die sechs Grundaufgaben zur Berechnung des Kugeldreiecks

Mit den drei vorstehenden Sätzen (Gl. (6), (7), (8)) lassen sich zu je drei gegebenen Seiten oder Winkeln im Kugeldreieck die drei fehlenden Stücke bestimmen, sofern die allgemeinen Größenbeziehungen in 9.2.3 nicht verletzt sind. Bezeichnet man eine gegebene Seite mit s, einen gegebenen Winkel mit w, so sind - in der Reihenfolge eines Umlaufs um das Dreieck gerechnet - folgende sechs Grundaufgaben möglich:

(sss), (sws), (ssw)   und   (www), (wsw), (wws).

Wird an einer Stelle der Sinussatz angewandt, so ergibt dieser stets zwei Werte (spitzer und stumpfer Winkel oder, als Sonderfall, die Doppellösung 90°). Mit Hilfe der Sätze in 9.2.3 (insbesondere Satz 5) muß untersucht werden, ob eine dieser Lösungen zu einem Widerspruch führt. Ist dies nicht der Fall, und kann das berechnete Stück auch nicht auf andere Weise eindeutig bestimmt werden (z.B. nach einem Kosinussatz), so hat die Aufgabe zwei verschiedene Lösungen.

Grundaufgabe 1 (sss):

Die Winkel können nacheinander eindeutig mit Hilfe des Seitenkosinussatzes (vgl. 9.2.4, Gl. (6)) berechnet werden, oder einfacher: Man rechnet erst einen Winkel nach dem Seitenkosinussatz aus, die beiden andern nach dem Sinussatz (vgl. 9.2.4, Gl. (7)). Eindeutigkeitsentscheid z.B. nach 9.2.3, Satz 5.

Grundaufgabe 2 (sws):

Die fehlende Seite berechnet man nach dem Seitenkosinussatz, die restlichen Winkel nach dem Sinussatz (Eindeutigkeitsentscheid).

Grundaufgabe 3 (ssw):

Diese Aufgabe erfordert einen größeren Rechenaufwand. Nach dem Sinussatz bestimmt man erst den Gegenwinkel der zweiten gegebenen Seite. Läßt sich dabei keine der beiden Lösungen ausscheiden, so muß die Rechnung zweifach weitergeführt werden.

Die fehlende dritte Seite, z.B. c bei gegebenem a, b, α und berechnetem β, läßt sich bestimmen durch Kombination von Seiten- und Winkelkosinussatz (vgl. 9.2.4, Gl. (6) und (8)):
Aus

$$\cos c = \cos a \cos b + \sin a \sin b \cos \gamma \qquad\qquad (6')$$

und

$$\cos \gamma = - \cos \alpha \cos \beta + \sin \alpha \sin \beta \cos c \qquad\qquad (8')$$

folgt nach Elimination von $\cos \gamma$

$$\cos c = \frac{\cos a \cos b - \sin a \sin b \cos \alpha \cos \beta}{1 - \sin a \sin b \sin \alpha \sin \beta} \;. \qquad\qquad (9)$$

Beim Ansatz (9) ist der Sonderfall $a = b = \alpha = \beta = 90^{\circ}$, für den allein der Nenner Null wird, auszuschließen (vgl. dazu 9.4.7).
Der Winkel γ kann anschließend nach dem Sinussatz bestimmt werden (Eindeutigkeitsentscheid).

Anmerkung: Eine etwas einfachere, aber nicht so leicht herzuleitende Gleichung zur Berechnung von $\cos c$ bei gegebenem a, b, α, β gewinnt man auf folgendem Weg:

$$\cos a = \cos b \cos c + \sin b \sin c \cos \alpha \quad \wedge \quad \sin c = \frac{\sin a \, \sin \gamma}{\sin \alpha}$$

$$\Longrightarrow \qquad \cos a = \cos b \cos c + \sin a \sin b \sin \gamma \, \cot \alpha \qquad (\mathrm{I})$$

$$\cos b = \cos c \cos a + \sin c \sin a \cos \beta \quad \wedge \quad \sin c = \frac{\sin b \, \sin \gamma}{\sin \beta}$$

$$\Longrightarrow \qquad \cos b = \cos a \cos c + \sin a \sin b \sin \gamma \, \cot \beta \qquad (\mathrm{II})$$

$(\mathrm{I}) \cdot \tan \alpha$ und $(\mathrm{II}) \cdot \tan \beta$ ergibt die neuen Gleichungen

$$\cos a \tan \alpha = \cos b \cos c \tan \alpha + \sin a \sin b \sin \gamma \qquad (\mathrm{III})$$
$$\cos b \tan \beta = \cos a \cos c \tan \beta + \sin a \sin b \sin \gamma \qquad (\mathrm{IV})$$

$(\mathrm{III}) - (\mathrm{IV}) \Longrightarrow$
$$\cos a \tan \alpha - \cos b \tan \beta = \cos c \, (\cos b \tan \alpha - \cos a \tan \beta),$$
somit

$$\cos c = \frac{\cos a \tan \alpha - \cos b \tan \beta}{\cos b \tan \alpha - \cos a \tan \beta} \qquad\qquad (\mathrm{V})$$

Nicht erfaßt werden durch (V) die Sonderfälle $\alpha = 90^{\circ}$ oder $\beta = 90^{\circ}$ oder $\cos b : \cos a = \tan \beta : \tan \alpha$.

Grundaufgabe 4 (www):

Wie Grundaufgabe 1, nur mit Winkelkosinussatz (vgl. 9.2.4, Gl. (8)).

Grundaufgabe 5 (wsw):

Wie Grundaufgabe 2, nur mit Winkelkosinussatz.

Grundaufgabe 6 (wws):

Wie Grundaufgabe 3. Bei gegebenem α, β, a und berechnetem b   z. B.
erhält man nach dem Winkel- und Seitenkosinussatz entsprechend wie bei
Grundaufgabe 3 nach Elimination von cos c

$$\cos \gamma = \frac{-\cos\alpha\cos\beta + \sin\alpha\sin\beta\cos a\,\cos b}{1 - \sin\alpha\sin\beta\sin a\,\sin b} \; . \tag{10}$$

Der Sonderfall $a = b = \alpha = \beta = 90^{\mathrm{O}}$ ist wie bei Gl. (9) auszuschließen.

Anmerkung: Überträgt man die Rechnung in der Anmerkung zu Grundaufgabe 3 sinngemäß, so ergibt sich die etwas einfachere
Gleichung

$$\cos \gamma = -\frac{\cos\alpha\,\tan a - \cos\beta\,\tan b}{\cos\beta\,\tan a - \cos\alpha\,\tan b} \tag{VI}$$

mit Ausschluß von $a = 90^{\mathrm{O}}$, $b = 90^{\mathrm{O}}$, $\cos\beta : \cos\alpha = \tan b : \tan a$.

9.3. Der Winkel eines Vektors gegen die Ebene der beiden andern

Unter dem Winkel $(\vec{a}^{\mathrm{o}}, E)$ des Vektors $\vec{a}^{\mathrm{o}}$ gegen die Ebene $E(\vec{b}^{\mathrm{o}}, \vec{c}^{\mathrm{o}})$ ver-
stehen wir den (spitzen) Winkel, den $\vec{a}^{\mathrm{o}}$ mit seiner senkrechten Projektion
in die Ebene (E) bildet (Bild 68). $\sphericalangle(\vec{a}^{\mathrm{o}}, E)$ ist die Ergänzung des Winkels
$(\vec{a}^{\mathrm{o}}, \vec{b}^{\mathrm{o}} \times \vec{c}^{\mathrm{o}})$ zu 90°. Nach 3. 2. 8. wird

$$\cos (\vec{a}^{\mathrm{o}}, \vec{b}^{\mathrm{o}} \times \vec{c}^{\mathrm{o}}) = \frac{[\vec{a}^{\mathrm{o}}\,\vec{b}^{\mathrm{o}}\,\vec{c}^{\mathrm{o}}]}{|\vec{b}^{\mathrm{o}} \times \vec{c}^{\mathrm{o}}|} = \frac{[\vec{a}^{\mathrm{o}}\,\vec{b}^{\mathrm{o}}\,\vec{c}^{\mathrm{o}}]}{\sin a} \; . \tag{11}$$

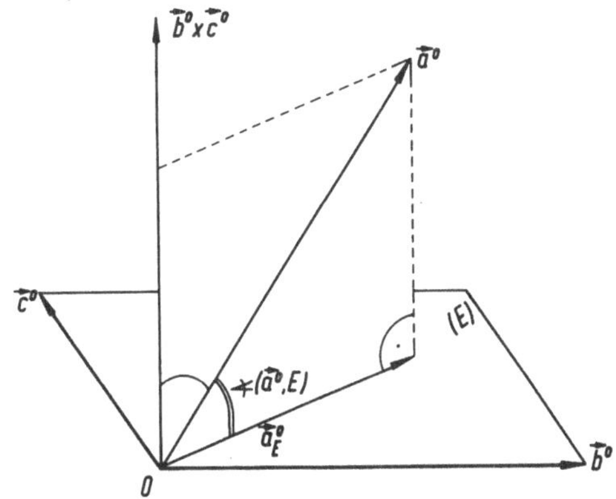

Bild 68

Nach 9.2.4, b   ist $|[\vec{a}^o \vec{b}^o \vec{c}^o]| = \sin c \sin a \sin \beta$, und damit wird

$$|\cos(\vec{a}^o, \vec{b}^o \times \vec{c}^o)| = \sin c \sin \beta \qquad (12')$$

und zyklisch vertauscht

$$|\cos(\vec{b}^o, \vec{c}^o \times \vec{a}^o)| = \sin a \sin \gamma \qquad (12'')$$

$$|\cos(\vec{c}^o, \vec{a}^o \times \vec{b}^o)| = \sin b \sin \alpha . \qquad (12''')$$

9.4. Aufgaben

1. Die drei Vektoren $(\vec{a} \times \vec{b})$, $(\vec{b} \times \vec{c})$, $(\vec{c} \times \vec{a})$ bilden, unabhängig von der
    Wahl der Vektoren $\vec{a}$, $\vec{b}$, $\vec{c}$ nach Rechts- oder Linkssystem, immer
    ein Rechtssystem. Zeige dies
    a) anschaulich an der speziellen Figur von drei paarweise senkrechten
       Grundvektoren mit $[\vec{a} \, \vec{b} \, \vec{c}] \geqq 0$,
    b) allgemein durch Ausrechnung des Spatprodukts $[(\vec{a} \times \vec{b})(\vec{b} \times \vec{c})(\vec{c} \times \vec{a})]$
       nach 8.2.4.

2. Die Normalvektoren der Ebenen $(\vec{a}^o, \vec{b}^o)$, $(\vec{b}^o, \vec{c}^o)$, $(\vec{c}^o, \vec{a}^o)$ erzeugen
    die Ebenen $E_2((\vec{a}^o \times \vec{b}^o), (\vec{b}^o \times \vec{c}^o))$, $E_3((\vec{b}^o \times \vec{c}^o), (\vec{c}^o \times \vec{a}^o))$,
    $E_1((\vec{c}^o \times \vec{a}^o), (\vec{a}^o \times \vec{b}^o))$. Zeige rechnerisch, daß diese Ebenen die Winkel
    $(E_1, E_2) = (\vec{a}^o, \vec{b}^o)$; $(E_2, E_3) = (\vec{b}^o, \vec{c}^o)$; $(E_3, E_1) = (\vec{c}^o, \vec{a}^o)$ bilden
    (vgl. 9.2.2).

    Anleitung: Stelle die Richtung der Normalvektoren zu E_1, E_2
    und E_3 fest durch Ausrechnung der Produkte $(\vec{a}^o \times \vec{b}^o) \times (\vec{b}^o \times \vec{c}^o)$
    usw.

3. Welche Beziehung folgt für die Winkel und Seiten im Kugeldreieck,
    wenn die selbstverständlichen Forderungen $(a, b, c) > 0$ und $(\alpha, \beta, \gamma) > 0$
    aufs Polardreieck übertragen werden?

4. Welcher Satz ergibt sich, wenn Satz 5 in 9.2.3. aufs Polardreieck
    $A^* B^* C^*$ des Kugeldreiecks ABC angewandt wird?

5. Was ergibt sich, wenn der Sinussatz der sphärischen Trigonometrie
    (vgl. 9.2.4., Gl. (7)) aufs Polardreieck zum Grunddreieck angewandt
    wird?

6. Welche einfachere Form erhalten die Gleichungen (6'''), (8'), (8''), (8''')
    und (7) in 9.2.4., wenn $\gamma = 90^o$ ist (rechtwinkliges Kugeldreieck)?
    Bestätige die Gültigkeit der "Neperschen Regel" fürs rechtwinklige
    Kugeldreieck: Werden die fünf Stücke c, β, $(90^o - a)$, $(90^o - b)$, α im
    Sinn eines Umlaufs um das Dreieck nach Bild 69 auf einem Kreis an-
    geordnet, so ist der cos eines dieser fünf Stücke
    a) gleich dem Produkt der cot der beiden anliegenden,
    b) gleich dem Produkt der sin der beiden gegenüberliegenden
       Stücke.

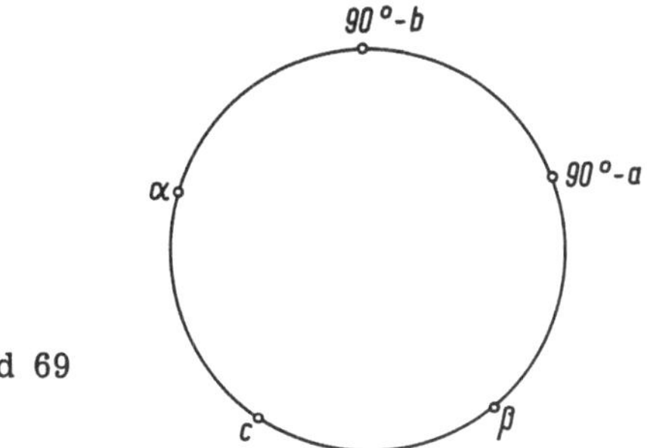

Bild 69

7. Welcher Sonderfall liegt vor, wenn im Kugeldreieck a = b = α = β = 90°
ist? Weshalb kann die Gleichung (9) in 9.2.5. hier kein Ergebnis
liefern?

   Anleitung: Wähle c auf dem "Kugeläquator" mit C als "Pol".

8. Aus der Identität

$$\vec{a}^o \times (\vec{b}^o \times \vec{c}^o) = (\vec{a}^o \vec{c}^o) \vec{b}^o - (\vec{a}^o \vec{b}^o) \vec{c}^o \tag{13}$$

soll eine Formel zur direkten Berechnung des in 9.3., Gl. (11) bestimmten Winkels

$$\varepsilon = \sphericalangle (\vec{a}^o, \vec{b}^o \times \vec{c}^o) \text{ aus den Winkeln } (\vec{b}^o, \vec{c}^o) = a, \ (\vec{c}^o, \vec{a}^o) = b,$$

$(\vec{a}^o, \vec{b}^o) = c$ der Grundvektoren $\vec{a}^o, \vec{b}^o, \vec{c}^o$ entwickelt werden.

   Anleitung: Es ist $|\vec{a}^o \times (\vec{b}^o \times \vec{c}^o)| = |\vec{a}^o| |\vec{b}^o \times \vec{c}^o| \sin(\vec{a}^o, \vec{b}^o \times \vec{c}^o) =$
sin a sin ε.
   Quadriere linke und rechte Seite von (13) und werte aus.

10. Anhang

10.1. Vektoren und ihre Verknüpfungen in der Physik

Außerhalb der reinen Mathematik werden Vektoren vor allem in der Physik
verwendet. Beschränkt sich das Rechnen mit Vektoren auf den Gebrauch in
der Physik allein, so kann man die Vektoren von Anfang an auf physikalischer
Grundlage einführen und verknüpfen, auch wenn dem umfassenderen und
formal wesentlich geschlosseneren mathematischen Aufbau im allgemeinen
der Vorzug zu geben ist vor dem begrenzteren, aber sehr anschaulichen
physikalischen.

10..1.1. Der Vektorbegriff

Eine Rakete, die von der Erdoberfläche aus in einer bestimmten Richtung
abgeschossen wird, unterliegt im luftleeren Raum in jedem Punkt ihrer
Bahn der Einwirkung zweier Kräfte, der Schubkraft und der Schwerkraft. Die erste greift in der augenblicklichen Bewegungsrichtung an, die
zweite wirkt in Richtung auf den Erdmittelpunkt. Beide Kräfte ändern in
verschiedenen Punkten der Bahn im allgemeinen ihren Betrag und ihre
Richtung (vgl. zur Schwerkraft Bild 70c). Zu ihrer vollständigen Beschreibung ist neben der Angabe des Betrags in jedem Punkt der Bahn auch noch
die Angabe der jeweiligen Richtung und des Richtungssinns erforderlich.

Die auf die Rakete einwirkenden Kräfte verleihen ihr eine gewisse Beschleunigung, welche ihre Geschwindigkeit ständig verändert.
Auch diese beiden Größen, die den augenblicklichen Bewegungszustand des
fliegenden Körpers charakterisieren, ändern laufend ihren Betrag und ihre
Richtung.

Demgegenüber besitzt die Masse der Rakete zwar einen (wegen des
Treibstoffverbrauchs sich ständig verringernden) Betrag, aber keinerlei
Richtungseigenschaft. Man hat deshalb zu unterscheiden zwischen Größen,
die neben ihrem Betrag auch noch eine Richtungseigenschaft besitzen
("Vektorgrößen") und solchen, die durch Angabe des Betrags allein voll-
ständig bestimmt sind ("skalare Größen").

Erklärung: Wenn in einem Punkt P des Raumes eine physikalische
Erscheinung wirksam ist, die erst durch Angabe von Betrag, Richtung und Richtungssinn vollständig beschrieben werden kann, so
heißt diese Erscheinung eine Vektorgröße.

Die Wirkung einer Vektorgröße im Punkt P wird veranschaulicht durch
einen "punktgebundenen Vektor", d.h. durch eine in P angesetzte gerichtete Strecke (Pfeil), deren Länge nach Festsetzung einer Maßeinheit den
Betrag, deren Lage im Raum die Richtung und deren Endpunkt (Pfeilspitze)
den Richtungssinn wiedergibt (vgl. Bild 2).

Wenn zwei gleichartige Vektorgrößen (z. B. Kräfte) in einem und demselben
Punkt die gleiche Wirkung hervorbringen, so sollen die beiden zugeordneten
punktgebundenen Vektoren "gleich" heißen.

Ist jedem Punkt des Raumes oder eines bestimmten Raumteils ein durch dieselbe
allgemeine Vektorgröße erzeugter Vektor zugeordnet, so bildet die Gesamtheit
dieser Vektoren ein räumliches Vektorfeld. Liegen die Punkte, in denen
die Vektorgröße wirksam ist, in einer Ebene (Ebenenstück) oder Geraden
(Geradenstück), und liegen die zugehörigen Vektorpfeile in derselben Ebene
(Geraden), so spricht man von einem ebenen bzw. linearen Vektorfeld.
Sind alle Vektoren eines Vektorfelds gleich lang, parallel und gleichgerichtet
("homogenes Feld"), so genügt es, zur Beschreibung des Feldes einen einzigen dieser Vektoren als "Repräsentanten" anzugeben. Alle Repräsentanten eines und desselben homogenen Feldes sind gleichwertig. Da ein Repräsentant das ganze Feld bereits vollständig beschreibt, bezeichnet man das
homogene Feld im Raum (in der Ebene bzw. in der Geraden) kurz als einen
freien (ebenengebundenen bzw. liniengebundenen) Vektor.

Beispiele für Vektorgrößen:

a) Gewicht eines Massenpunkts
   Das Gewicht eines Massenpunktes M im Schwerefeld der Erde ist
   eine Vektorgröße, die in M einen einzelnen Vektorpfeil nach Bild 70a
   erzeugt: Punktgebundener Vektor.

b) Geschwindigkeit beim Wurf senkrecht nach oben
   Die Geschwindigkeit ist eine Vektorgröße, die in verschiedenen Punkten
   der Bahngeraden verschieden lange Vektorpfeile erzeugt (Bild 70b):
   Lineares, nicht homogenes Vektorfeld.

c) Schwerefeld der Erde
   Die Schwerkraft ist eine Vektorgröße; die einzelnen Kraftvektoren sind
   radial nach O gerichtet (Bild 70c). Ihre Beträge nehmen nach außen ab:
   Räumliches, nicht homogenes Vektorfeld.

d) Elektrische Feldstärke im Innern eines geladenen Plattenkondensators
   Die Feldstärke ist eine Vektorgröße; die Kraftwirkungen auf eine
   Probeladung sind in jedem Punkt gleich groß und gleichgerichtet
   (Bild 70d). Das Feld ist homogen: Freier Vektor.

e) Zugkraft beim ruhenden Massenpunkt auf schiefer Ebene
   Der Massenpunkt M wird durch ein Seil nach Bild 70e in Ruhe gehalten.
   Die Zugkraft ist eine Vektorgröße, die in jedem Punkt des Seils eine
   gleich große und gleichgerichtete Kraftwirkung hervorruft:
   Liniengebundener Vektor.

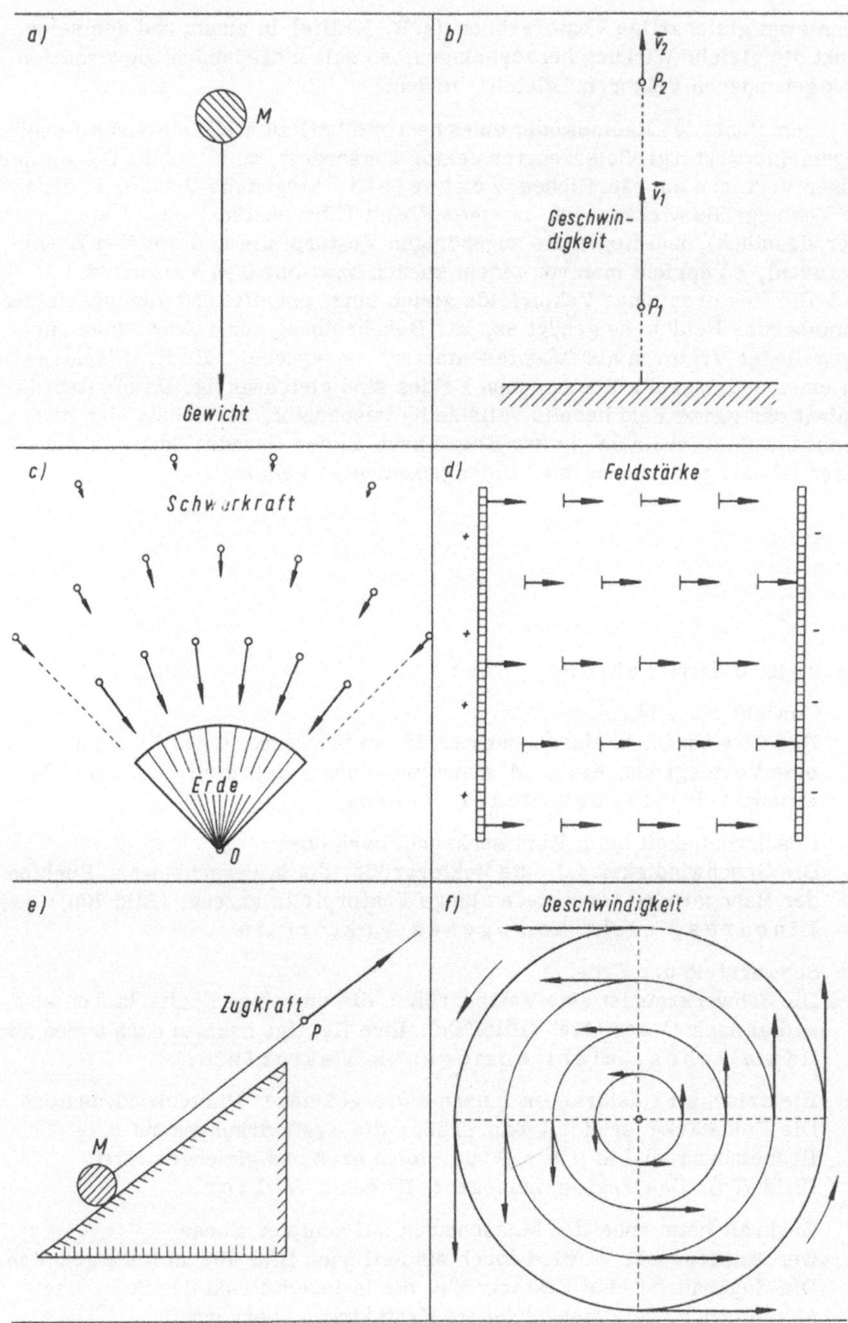
a)
M
Gewicht
b)
$\bar{v}_2$
P_2
$\bar{v}_1$
Geschwin-
digkeit
P_1
c)
Schwerkraft
Erde
0
d)
Feldstärke
+
+
+
+
-
-
-
-
e)
Zugkraft
P
M
f)
Geschwindigkeit

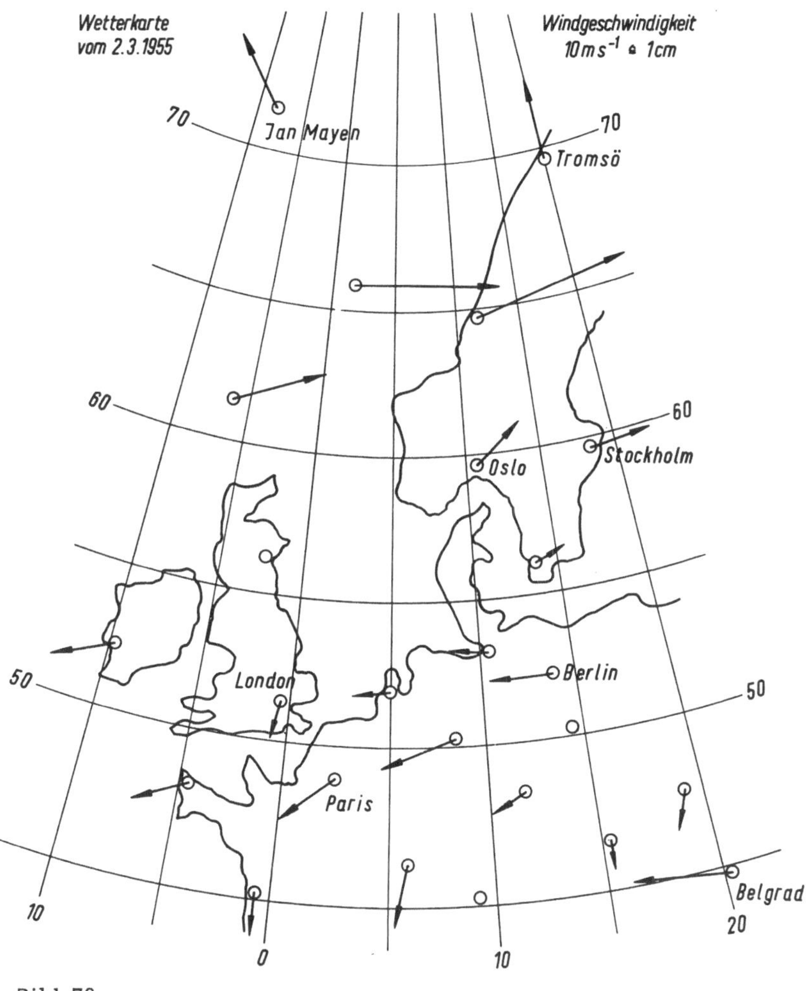

Bild 70

f) Geschwindigkeit der Punkte einer dünnen, rotierenden Scheibe.
Eine dünne, ebene Kreisscheibe dreht sich mit konstanter Drehzahl.
Alle Geschwindigkeitsvektoren liegen in der Ebene der Scheibe (Bild 70f).
Sie sind für Punkte, die nicht auf einem Halbmesser liegen, verschie-
den gerichtet, und haben in Punkten, die nicht auf demselben Kreis um O
liegen, verschiedene Beträge:
Ebenes, nicht homogenes Vektorfeld.

g) Windfeld in der Atmosphäre (Strömungsfeld)

Die Windgeschwindigkeit ist eine Vektorgröße. Sie erzeugt im untersten Teil der Atmosphäre ein Vektorfeld, das keinerlei mathematische Gesetzmäßigkeit aufweist: Empirisches, räumliches Vektorfel

Bild 70g zeigt einen Ausschnitt aus der Wetterkarte des Deutschen Wetterdienstes vom 2. 3. 1955.

Anmerkung: Betrag und Richtung der Windgeschwindigkeit werden in der Wetterkarte mit bestimmten Symbolen angegeben. So bedeuten z. B.

Ostwind mit $\approx 5\ [\mathrm{m\,s^{-1}}]$

Südwestwind mit $\approx 12,5\ [\mathrm{m\,s^{-1}}]$

Windstille.

In Bild 70g sind diese Zeichen in die Vektorschreibweise "übersetzt".

10.1.2. Die Summe zweier Vektoren

Auf einen frei beweglichen Körper sollen gleichzeitig zwei parallele und gleichgerichtete Geschwindigkeiten $\vec{v}_1$ und $\vec{v}_2$ einwirken (Beispiel: Talwärts fahrendes Motorboot mit der Relativgeschwindigkeit $\vec{v}_1$ gegenüber dem Wasser auf einem Fluß mit der Strömungsgeschwindigkeit $\vec{v}_2$). Die vom festen Ufer aus beobachtete Gesamtwirkung ist die einer einzigen Geschwindigkeit $\vec{v}$ in derselben Richtung, deren Betrag der Summe der Beträge von $\vec{v}_1$ und $\vec{v}_2$ entspricht (Bild 71).

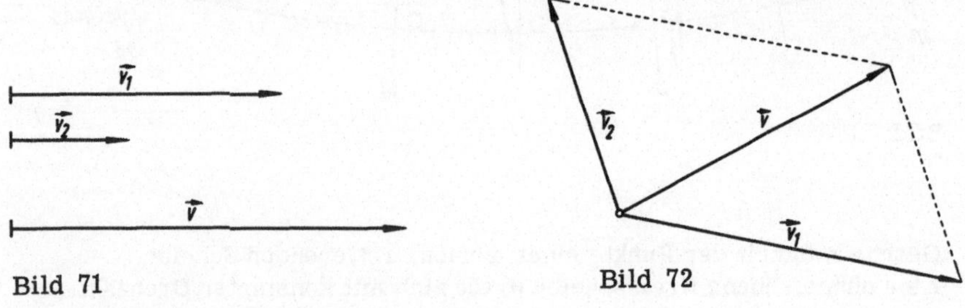

Bild 71

Bild 72

Sind $\vec{v}_1$ und $\vec{v}_2$ nicht mehr gleichgerichtet, so ist die Gesamtwirkung gleich derjenigen einer Geschwindigkeit $\vec{v}$, die nach Größe, Richtung und Richtungssinn durch die Diagonale des aus $\vec{v}_1$ und $\vec{v}_2$ nach Bild 72 gebildeten "Parallelogramms der Geschwindigkeiten" bestimmt wird. Man nennt $\vec{v}$ die Resultierende aus $\vec{v}_1$ und $\vec{v}_2$.

84

E r k l ä r u n g: Wenn sich die Wirkungen $\vec{a}$ und $\vec{b}$ zweier gleichartiger Vektorgrößen in einem Punkt nach der Art zweier Geschwindigkeiten überlagern, so nennt man ihre Resultierende $\vec{c}$ die S u m m e der Vektoren $\vec{a}$ und $\vec{b}$ und schreibt dafür $\vec{c} = \vec{a} + \vec{b}$.

Die Summe $\vec{c}$ wird durch die Diagonale des aus $\vec{a}$ und $\vec{b}$ gebildeten Parallelogramms dargestellt (Parallelogramm der Geschwindigkeiten, Kräfte usw.).

10.1.3. Das skalare Produkt

Der Begriff der "Arbeit" setzt ein Zusammenwirken zweier verschiedenartiger V e k t o r g r ö ß e n, nämlich einer Kraft $\vec{F}$ und einer Verschiebung $\vec{s}$, voraus; das Ergebnis ihrer Verknüpfung ist die s k a l a r e G r ö ß e W.

a) $\vec{F}$ und $\vec{s}$ seien parallel und gleichsinnig gerichtet. Die Arbeit ist erklärt durch das Produkt der Beträge der beiden Größen

$$W = |\vec{F}| \cdot |\vec{s}|. \tag{1}$$

Beispiel: Ein Gewichtstück durchfällt die Höhe $\vec{s}$ in freiem Fall (Bild 73). Die bewegende Kraft ist das Gewicht $\vec{G} \| \vec{s}$, somit ist der Arbeitsgewinn

$$W = |\vec{G}| \cdot |\vec{s}|.$$

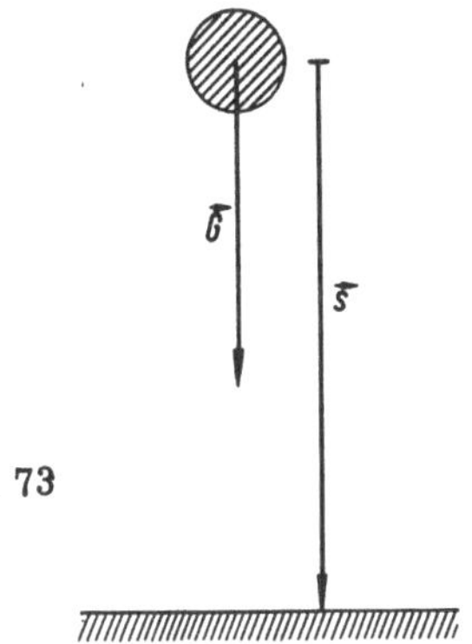

Bild 73

b) $\vec{F}$ und $\vec{s}$ bilden den festen Winkel $(\vec{F}, \vec{s})$ miteinander. Als "bewegungserzeugende Kraft" tritt nur die Komponente $\vec{F}'$ von $\vec{F}$ in Richtung $\vec{s}$ auf (Bild 74), und es wird nach a) $W = |\vec{F}'| \cdot |\vec{s}|$. Wegen $|\vec{F}'| = |\vec{F}| \cdot \cos(\vec{F}, \vec{s})$ ist dann

$$W = |\vec{F}| \cdot |\vec{s}| \cdot \cos(\vec{F}, \vec{s}). \tag{2}$$

Beispiel: Ein Schlitten vom Gewicht $\vec{F}$ gleitet reibungslos eine schiefe Ebene der Länge $\vec{s}$ hinab.
Da (2) in (1) übergeht, wenn $\vec{F}$ und $\vec{s}$ parallel und gleichsinnig gerichtet sind, spricht man auch hier von einem Produkt aus $\vec{F}$ und $\vec{s}$ und nennt genauer W das "s k a l a r e P r o d u k t" aus $\vec{F}$ und $\vec{s}$.

E r k l ä r u n g : Unter dem skalaren Produkt zweier Vektoren $\vec{a}$ und $\vec{b}$ versteht man die Zahl

$$(\vec{a}\,\vec{b}) = |\vec{a}\,| \cdot |\vec{b}\,| \cdot \cos (\vec{a}, \vec{b}).$$

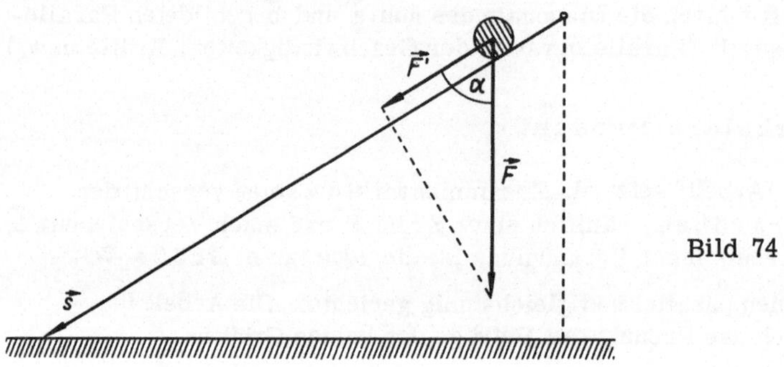

Bild 74

10.1.4. Das Vektorprodukt

Die Gleichgewichtsbedingung für den zweiseitigen Hebel (Bild 75) besagt, daß nur dann Gleichgewicht herrschen kann, wenn das Produkt aus Kraft und Kraftarm gleich dem Produkt aus Last und Lastarm ist, also

$$|\vec{F}_1| \cdot |\vec{a}\,| = |\vec{F}_2| \cdot |\vec{b}\,|.$$

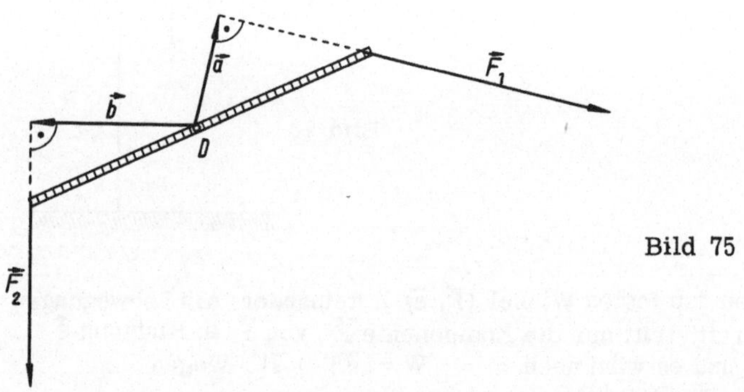

Bild 75

Hier wird, wie bei der Arbeit, eine Kraft mit einer Länge multipliziert, aber dieses Produkt kann nicht mehr als Arbeit gedeutet werden. Das folgende Beispiel soll dies näher erläutern:

Ein Spielzeugkreisel wird mit zwei Fingern in Drehung versetzt. Physikalisch betrachtet: Die beiden entgegengesetzten Kräfte $\vec{F}$ und $(-\vec{F})$, die beide in der Kreisebene liegen, greifen in zwei entgegengesetzten Punkten A und B am Rand der Kreisscheibe an. Unter der Wirkung dieses "Kräftepaars" beginnt die Scheibe, sich um eine Achse zu drehen, die durch den Scheibenmittelpunkt geht und senkrecht zur Ebene der Scheibe steht (Bild 76). Als Maß für eine solche drehende Kraftwirkung benützt die Physik das Drehmoment.

a) Das Kräftepaar $(\vec{F}/-\vec{F})$ soll senkrecht zum Durchmesser $\overrightarrow{AB} = \vec{d}$ angreifen (Bild 76). Dann wird der Betrag M des Drehmoments erklärt durch das Produkt

$$M = |\vec{d}| \cdot |\vec{F}|.$$

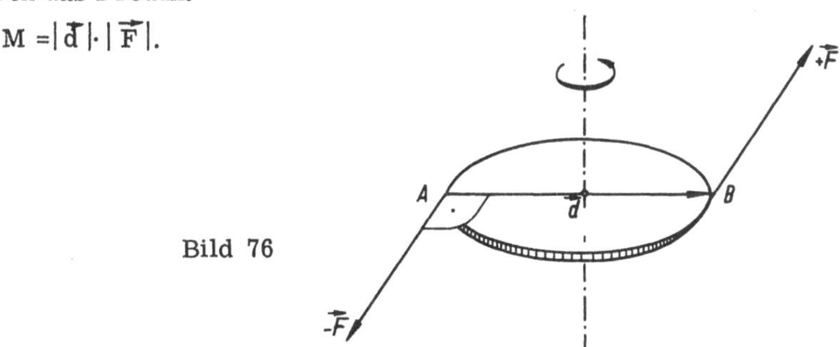

Bild 76

b) Das Kräftepaar $(\vec{F}/-\vec{F})$ bildet mit $\vec{d}$ einen bestimmten Winkel α bzw. $(180^{\circ} - \alpha)$. Nach Bild 77 treten als "drehungerzeugendes Kräftepaar" nur die Komponenten $(\vec{F}_1/-\vec{F}_1)$ von $(\vec{F}/-\vec{F})$ senkrecht zu $\vec{d}$ in der Ebene $(\vec{d}, \vec{F})$ auf. Es ist dann $|\vec{F}_1| = |\vec{F}| \cdot \sin \alpha$, und nach a) ist das wirkende Drehmoment zahlenmäßig gegeben durch

$$M = |\vec{d}| \cdot |\vec{F}_1| = |\vec{d}| \cdot |\vec{F}| \cdot \sin \alpha.$$

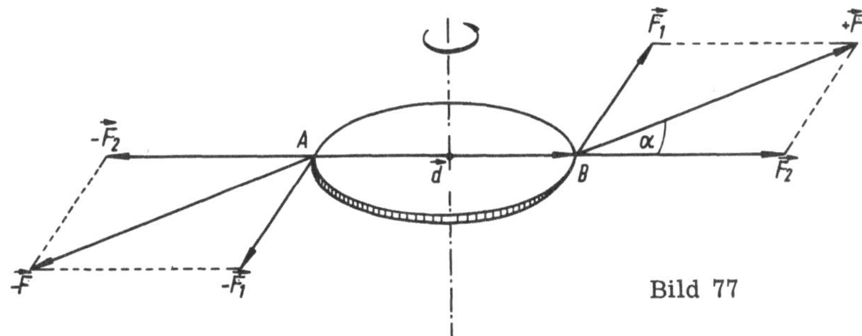

Bild 77

c) Die bei a) und b) entstehende Drehbewegung wird wesentlich mitbestimmt durch die Stellung der Drehebene $(\vec{d}, \vec{F})$ im Raum (und damit durch die Richtung der Drehachse), sowie durch den Drehsinn in der Drehebene. Man faßt nun die drei Bestimmungsstücke

    Betrag des Drehmoments,
    Stellung der Drehebene im Raum,
    Drehsinn in der Drehebene

zu einem **V e k t o r** $\vec{M}$ zusammen durch folgende Zuordnungsvorschrift:
1. $\vec{M}$ steht senkrecht zur Ebene $(\vec{d},\,\vec{F})$;
2. Es ist $|\vec{M}| = |\vec{d}|\cdot|\vec{F}|\cdot \sin\,(\vec{d},\,\vec{F})$;
3. $\vec{M}$ wird so orientiert, daß die Vektoren $\vec{d}$, $\vec{F}$, $\vec{M}$ in dieser Reihenfolge eine "Rechtsschraube" bilden.

Der so erklärte Vektor $\vec{M}$ heißt der **D r e h m o m e n t v e k t o r** oder kurz das **D r e h m o m e n t** des Kräftepaars $(\vec{F}/\text{-}\vec{F})$.

> **A n m e r k u n g :** Die drei Bestimmungsstücke des Drehmoments sind ursprünglich Betrag, Stellung der Drehebene im Raum und Drehsinn. Sie können geometrisch dargestellt werden durch eine "Plangröße", d. h. ein ebenes Flächenstück, dessen Ebene mit der Drehebene übereinstimmt, dessen Flächeninhalt den Betrag des Drehmoments wiedergibt, und dessen Rand im Sinn der durch das Drehmoment erzeugten Drehung orientiert ist. Eine solche Plangröße ist z. B. das Parallelogramm $(\vec{d},\,\vec{F})$ des Bildes 77, das nach den obigen Festsetzungen gerade die Bestimmungsstücke des Drehmoments wiedergibt. Erst nachträglich werden diese Bestimmungsstücke auf diejenigen eines Vektors bezogen, nämlich auf Betrag, Richtung und Richtungssinn.

Die Zuordnungsvorschrift in 10.1.4.c) bestimmt zu zwei gegebenen Grundvektoren $\vec{d}$ und $\vec{F}$ eindeutig einen dritten Vektor $\vec{M}$. Man verallgemeinert dies, unabhängig von der physikalischen Bedeutung der auftretenden Vektoren, durch folgende

E r k l ä r u n g : Es sei $\vec{c}$ ein Vektor, der
1. senkrecht zur Ebene $(\vec{a},\,\vec{b})$ steht,
2. den Betrag $|\vec{c}| = |\vec{a}|\cdot |\vec{b}|\cdot \sin\,(\vec{a},\,\vec{b})$ hat,
3. so orientiert ist, daß die Vektoren $\vec{a}$, $\vec{b}$, $\vec{c}$ in dieser Reihenfolge eine Rechtsschraube bilden ("Korkzieherregel").
Dann heißt $\vec{c}$ das **V e k t o r p r o d u k t** aus $\vec{a}$ und $\vec{b}$, geschrieben als $\vec{c} = \vec{a} \times \vec{b}$ (sprich: "$\vec{a}$ Kreuz $\vec{b}$").

10.2. Die Grundrechenarten in der Vektorrechnung

10.2.1. Addition

S I   Die Summe $\vec{a} + \vec{b}$ ist stets ausführbar.
S II   Die Summe $\vec{a} + \vec{b}$ ist eindeutig bestimmt.
S III   Es ist $\quad(\vec{a} + \vec{b}) + \vec{c} = \vec{a} + (\vec{b} + \vec{c})$;   assoziatives Gesetz.
S IV   Es ist $\quad\vec{a} + \vec{b} = \vec{b} + \vec{a}$;   kommutatives Gesetz.
S V'   Aus $\vec{a} = \vec{b}$ folgt $\vec{a} + \vec{c} = \vec{b} + \vec{c}$,
       aus $\vec{a} \neq \vec{b}$ folgt $\vec{a} + \vec{c} \neq \vec{b} + \vec{c}$.

10.2.2. Subtraktion

D   Zu zwei Vektoren $\vec{a}$ und $\vec{b}$ gibt es stets einen Vektor $\vec{x}$, so daß
$\vec{a} + \vec{x} = \vec{b}$ ist. Man schreibt $\vec{x} = \vec{b} - \vec{a}$ und bezeichnet $\vec{x}$ als die
Differenz aus $\vec{b}$ und $\vec{a}$.

10.2.3. Multiplikation

a) Vervielfachen

P I   Das Produkt $m \cdot \vec{a}$ ist für jede reelle Zahl m ausführbar.

P II   Das Produkt $m \cdot \vec{a}$ ist eindeutig bestimmt.

P III   Es ist $(mn)\,\vec{a} = m(n\,\vec{a})$;   assoziative Form.

P IV   Es ist $m\,\vec{a} = \vec{a}\,m$ kommutative Form.

P V'   Aus $m = n$ folgt $m\,\vec{c} = n\,\vec{c}$,
aus $m \neq n$ und $\vec{c} \neq \vec{o}$ folgt $m\,\vec{c} \neq n\,\vec{c}$.

P VI   Es ist $(m + n)\,\vec{a} = m\,\vec{a} + n\,\vec{a}$;   distributive Form

b) Skalares Produkt

P I   Das Produkt $(\vec{a} \cdot \vec{b})$ ist stets ausführbar.

P II   Das Produkt $(\vec{a} \cdot \vec{b})$ ist eindeutig bestimmt.
Ein assoziatives Gesetz für drei Vektoren $\vec{a}$, $\vec{b}$, $\vec{c}$ gibt es im
allgemeinen Fall nicht. Für das Vielfache eines skalaren Produkts $(\vec{a}\,\vec{b})$
gilt aber

P III $m\,(\vec{a}\,\vec{b}) = (m\,\vec{a})\,\vec{b}$;   assoziative Form.

P IV   Es ist $(\vec{a}\,\vec{b}) = (\vec{b}\,\vec{a})$;   kommutatives Gesetz.

P V'   Aus $\vec{a} = \vec{b}$ folgt $(\vec{a}\,\vec{c}) = (\vec{b}\,\vec{c})$.
Der zweite Teil von P V' entfällt; aus $\vec{a} \neq \vec{b}$ darf nicht
geschlossen werden, daß auch $(\vec{a}\,\vec{c}) \neq (\vec{b}\,\vec{c})$ ist.

P VI   Es ist $(\vec{a} + \vec{b})\,\vec{c} = (\vec{a}\,\vec{c}) + (\vec{b}\,\vec{c})$;   distributives Gesetz.

c) Vektorielles Produkt

P I   Das Produkt $\vec{a} \times \vec{b}$ ist stets ausführbar.

P II   Das Produkt $\vec{a} \times \vec{b}$ ist eindeutig bestimmt.
Ein assoziatives Gesetz für drei Vektoren $\vec{a}$, $\vec{b}$, $\vec{c}$ gibt es im
allgemeinen Fall nicht. Für das Vielfache eines vektoriellen
Produkts gilt aber

P III $m(\vec{a} \times \vec{b}) = (m\,\vec{a}) \times \vec{b}$;   assoziative Form
Ein kommutatives Gesetz gibt es nicht. An seine Stelle tritt

P IV' $(\vec{a} \times \vec{b}) = -(\vec{b} \times \vec{a})$ alternatives Gesetz.

P V'   Aus $\vec{a} = \vec{b}$ folgt $\vec{a} \times \vec{c} = \vec{b} \times \vec{c}$.
Der zweite Teil von P V' entfällt: Aus $\vec{a} \neq \vec{b}$ darf nicht geschlossen
werden, daß auch $\vec{a} \times \vec{c} \neq \vec{b} \times \vec{c}$ ist.

P VI   Es ist $(\vec{a} + \vec{b}) \times \vec{c} = (\vec{a} \times \vec{c}) + (\vec{b} \times \vec{c})$;   distributives Gesetz.

10.2.4. Division

Bei Vektoren wird weder eine "skalare Division" noch eine "vektorielle Division" erklärt. Es ist deshalb nicht statthaft, eine Zahl m durch einen Vektor $\vec{a}$, oder einen Vektor $\vec{b}$ durch einen Vektor $\vec{a}$, zu dividieren. Dagegen ist die Division eines Vektors $\vec{b}$ durch eine reelle Zahl $m \neq 0$ immer ausführbar und stimmt mit dem Vielfachen $\frac{1}{m} \cdot \vec{b}$ überein.

10.2.5. Produkte mit mehr als zwei Vektoren

a) Das Spatprodukt

Sp I Das "gemischte Produkt" oder "Spatprodukt" $\vec{a} \cdot (\vec{b} \times \vec{c}) = [\vec{a}\,\vec{b}\,\vec{c}]$ gibt mit seinem Betrag den Rauminhalt des Spats mit den Kantenvektoren $\vec{a}$, $\vec{b}$, $\vec{c}$ wieder.

Sp II Die drei Vektoren $\vec{a}$, $\vec{b}$, $\vec{c}$ bilden ein $\left\{ \begin{matrix} \text{Rechts-} \\ \text{Links-} \end{matrix} \right\}$ System, wenn $[\vec{a}\,\vec{b}\,\vec{c}] \gtrless 0$ ist.

Sp III Es ist $[\vec{a}\,\vec{b}\,\vec{c}] = [\vec{b}\,\vec{c}\,\vec{a}] = [\vec{c}\,\vec{a}\,\vec{b}]$, aber $[\vec{a}\,\vec{b}\,\vec{c}] = - [\vec{a}\,\vec{c}\,\vec{b}]$.

Sp IV Drei Vektoren $\vec{a}$, $\vec{b}$, $\vec{c}$ sind genau dann komplanar, wenn $[\vec{a}\,\vec{b}\,\vec{c}] = 0$ ist.

Sp V Es ist $[\vec{a}\,\vec{b}\,\vec{c}]^2 = \vec{a}^2\vec{b}^2\vec{c}^2 - \vec{c}^2(\vec{a}\,\vec{b})^2 - \vec{a}^2(\vec{b}\,\vec{c})^2 - \vec{b}^2(\vec{c}\,\vec{a})^2 + 2(\vec{a}\,\vec{b})(\vec{b}\,\vec{c})(\vec{c}\,\vec{a})$

$= \vec{a}^2\,\vec{b}^2\,\vec{c}^2 \cdot (1 - (\vec{a}^o\,\vec{b}^o)^2 - (\vec{b}^o\,\vec{c}^o)^2 - (\vec{c}^o\,\vec{a}^o)^2 + 2(\vec{a}^o\,\vec{b}^o)(\vec{b}^o\,\vec{c}^o)(\vec{c}^o\,\vec{a}^o))$.

b) Der Entwicklungssatz

Es Das "doppelte Vektorprodukt" $\vec{a} \times (\vec{b} \times \vec{c})$ läßt sich als Differenz darstellen in der Form

$$\vec{a} \times (\vec{b} \times \vec{c}) = (\vec{a}\,\vec{c})\,\vec{b} - (\vec{a}\,\vec{b})\,\vec{c}.$$

c) Viervektorprodukte

Vp I Es ist $(\vec{a} \times \vec{b}) \cdot (\vec{c} \times \vec{d}) = (\vec{a}\,\vec{c})(\vec{b}\,\vec{d}) - (\vec{b}\,\vec{c})(\vec{a}\,\vec{d})$.

Vp II Es ist $(\vec{a} \times \vec{b}) \times (\vec{c} \times \vec{d}) = [\vec{a}\,\vec{c}\,\vec{d}]\,\vec{b} - [\vec{b}\,\vec{c}\,\vec{d}]\,\vec{a}$
$= [\vec{a}\,\vec{b}\,\vec{d}]\,\vec{c} - [\vec{a}\,\vec{b}\,\vec{c}]\,\vec{d}$.

10.3. Zeichenübersicht

10.3.1. Abkürzungszeichen

$=$	gleich	$\perp$	senkrecht zu
$\neq$	ungleich		rechter Winkel
$\equiv$	identisch gleich	$\sphericalangle$	Winkel
$\not\equiv$	nicht identisch gleich	$\triangle$	Dreieck
$\approx$	ungefähr gleich		Parallelogramm
$>$	größer als		Rechteck
$<$	kleiner als	$\Rightarrow$	hat zur Folge
$\parallel$	parallel	$\wedge$	und zugleich; sowohl... als auch
	gleichsinnig parallel	$\vee$	oder auch
	ungleichsinnig parallel	$\in$	ist Element von; gehört zu; liegt auf
	nicht parallel	$\notin$	ist nicht Element von

10.3.2. Bezeichnungen für Vektoren

$\vec{a}, \vec{B}$	Vektoren
$|\vec{a}|, |\vec{B}|$	Beträge von Vektoren
a, B	Skalare; Beträge von gleichlautend benannten Vektoren
$\vec{a}^{o}, \vec{B}^{o}$	Einheitsvektoren (vom Betrag 1)
$\vec{i}, \vec{j}, \vec{k}$	Einheitsvektoren eines rechtsorientierten, rechtwinkligen räumlichen Achsenkreuzes
$\vec{o}$	Nullvektor
$\vec{r}, \vec{r}_1, \vec{r}_P$	Ortsvektoren
$\vec{p}$	Parallelvektor zu einer Geraden bzw. Ebene
$\vec{n}$	Normalvektor zu einer Ebene bzw. Geraden
$\overrightarrow{PQ}$	Vektor, der P nach Q verschiebt
$\vec{b}_{\vec{a}}$	senkrechte Projektion des Vektors $\vec{b}$ auf $\vec{a}$
$\vec{a}(P)$	punktgebundener Vektor mit dem Träger P
$\vec{b}(g)$	liniengebundener Vektor mit dem Träger (g)
$\vec{c}(E)$	ebenengebundener Vektor mit dem Träger (E)
E, Φ	Plangrößen

10.3.3. Verknüpfungszeichen

$\vec{a} \pm \vec{b}$ Summe (Differenz) zweier Vektoren

$m \cdot \vec{a}, \; m\vec{a}$ Vielfaches eines Vektors

$\vec{a} \cdot \vec{b}, \; \vec{a}\vec{b}, (\vec{a}\vec{b})$ skalares Produkt zweier Vektoren

$\vec{a}^2$ skalares Produkt eines Vektors mit sich selber

$\vec{a} \times \vec{b}, \; (\vec{a} \times \vec{b})$ vektorielles Produkt zweier Vektoren

$[\vec{a}\,\vec{b}\,\vec{c}]$ Spatprodukt dreier Vektoren

$\begin{pmatrix} a \\ b \\ c \end{pmatrix}$ Kurzschreibweise für $(a\vec{e}_1 + b\vec{e}_2 + c\vec{e}_3)$

$\begin{pmatrix} 3 \\ -2 \\ 5 \end{pmatrix}$ im $(\vec{i}, \vec{j}, \vec{k})$-System Abkürzung für $(3\vec{i} - 2\vec{j} + 5\vec{k})$

10.3.4. Bezeichnungen für weitere geometrische Gebilde

P Punkt

(g) Gerade

$(\vec{d})$ orientierte Gerade; Drehachse

(E) Ebene

$\overline{AB}$ nichtorientierte Strecke zwischen A und B

$P(\vec{r})$ Punkt P mit dem Ortsvektor $\vec{r}$

$E(\vec{a}, \vec{b})$ Ebene parallel zu den Vektoren $\vec{a}$ und $\vec{b}$

$E(P_1; \vec{a}, \vec{b})$ Ebene durch P_1 parallel zu den Vektoren $\vec{a}$ und $\vec{b}$

$\sphericalangle(\vec{a}, \vec{b})$ Winkel, den die Vektoren $\vec{a}$ und $\vec{b}$ erzeugen

$\sphericalangle((\vec{a}^0, \vec{b}^0), (\vec{b}^0, \vec{c}^0))$ Winkel zwischen den Ebenen $E_1(\vec{a}^0, \vec{b}^0)$ und $E_2(\vec{b}^0, \vec{c}^0)$

$\triangle(\vec{a}, \vec{b}, \vec{c})$ im Sinn eines Umlaufs orientiertes Dreieck mit den Seitenvektoren $\vec{a}, \vec{b}. \vec{c}$

$\triangle(A; \vec{b}, \vec{c})$ Dreieck mit der Ecke A und den zu A punktgebundenen Seitenvektoren $\vec{b}$ und $\vec{c}$

$\text{Spat}(O; \vec{a}, \vec{b}, \vec{c})$ Spat mit der erzeugenden Ecke O und den Kantenvektoren $\vec{a}, \vec{b}, \vec{c}$

10.3.5. Schreibweise für Vektoren

In der vorliegenden Sammlung sind Vektoren durch kleine und große
lateinische Buchstaben mit übergesetztem Vektorpfeil bezeichnet.
Im Druck werden Vektoren häufig in kursiv-fetten Buchstaben angeschrieben, z.B. $a, b, c, \ldots \quad A, B, C, \ldots$
In der deutschsprachigen Literatur findet sich gelegentlich die
(heute veraltete) Bezeichnungsweise durch Frakturbuchstaben,
z.B. $\mathfrak{a}, \mathfrak{b}, \mathfrak{c}, \ldots \quad \mathfrak{A}, \mathfrak{B}, \mathfrak{C}, \ldots$

Aufgabensammlung zur Vektorrechnung

Von Alfred Wittig. Mit 28 Abbildungen. 4., neubearbeitete Auflage. – Braunschweig:
Vieweg 1967, IV, 104 Seiten. DIN C 5 (Studienausgaben.) Paperback 6,80 DM
ISBN 3 528 00805 9

*Inhalt: Vektoren und Skalare – Addition und Subtraktion von Vektoren – Das skalare
Produkt – Das Vektorprodukt – Das Spatprodukt – Der Entwicklungssatz – Kompo-
nentenzerlegung nach drei Grundvektoren – Produkte aus vier und mehr Vektoren –
Die Beziehungen zwischen den Winkeln dreier Vektoren und den Winkeln ihrer Ebenen –
Ortsvektoren – Formelsammlung und Zeichenübersicht.*

Lösungsheft. – 38 Seiten. DIN C 5. Geheftet 6,40 DM
ISBN 3 528 08805 2

Die Aufgabensammlung enthält den Übungsstoff zum Textband „Einführung in die
Vektorrechnung". Sie ist aus der Unterrichtspraxis heraus entstanden und will sowohl
dem Mangel an schulgerechten Aufgaben zur Vektorrechnung im Unterricht an den
Gymnasien und im Anfangsunterricht an den Hochschulen abhelfen, als auch den ersten
Überblick über die Anwendungsmöglichkeiten der Vektorrechnung im Schulunterricht
vermitteln.

Vektoren in der Analytischen Geometrie

Von Alfred Wittig. Mit 55 Abbildungen. – Braunschweig: Vieweg 1968. IV, 128 Seiten.
DIN C 5 (Studienausgaben.) Paperback 6,80 DM
ISBN 3 528 00812 1

*Inhalt: Ortsvektoren – Das rechtwinklige Koordinatensystem – Strecken, Winkel,
Flächen- und Rauminhalt – Teilpunkte einer Strecke – Die Gerade – Lagen zweier
Geraden – Die Ebene – Lagen zweier Ebenen – Geraden und Ebenen – Drei Ebenen –
Abstände – Winkelhalbierende – Ebenen- und Geradenbüschel – Schiebungen, Drehun-
gen, Spiegelungen.*

Aufgabensammlung zu „Vektoren in der analytischen Geometrie"

Von Alfred Wittig. Mit 62 Abbildungen. – Braunschweig: Vieweg 1971. VIII, 192 Seiten.
DIN C 5 (Studienausgaben.) Kartoniert 9,80 DM
ISBN 3 528 00813 X

Im Anschluß an das Buch „Vektoren in der analytischen Geometrie" stellt der Autor
eine Aufgabensammlung zu drei geschlossenen Gebieten der Raumgeometrie vor.
1. Punkte, Strecken, Winkel, Flächen- und Rauminhalte
2. Punkte, Geraden und Ebenen im Raum
3. Schiebungen, Drehungen und Spiegelungen.

Unabhängig von jedem speziellen Lehrbuch werden in der Einführung zu jedem Kapitel
die Grundlagen der Rechnung und in der „Zweifeldarstellung" die Konstruktionen zur
zeichnerischen Lösung erarbeitet. In einem Anhang findet sich eine ausführliche Formelsammlung und Zeichenerklärung.

Friedr. Vieweg + Sohn GmbH